	INHALT	СОДЕРЖАНИЕ	CONTENTS	
	Evolution der endogenen Erzbildung	Эволюция эндогенного рудообразования	Evolution of endogene ore formation	49
WSKI	Geochemie der seltenen Erden	Геохимия редкоземельных элементов	The geochemistry of the rare earthes	53
N. A	Organisation der Erkundungsarbeiten auf Erdöl und Erdgas in der UdSSR	Состояние и направление геологоразведочных работ на газ и нефть	Organisation of exploration work on bitumen, oil and gas in the Sovjet-Union	58
	Diagnostische Anzeichen für die Bildung von Bitumen, Erdöl und Erdgas	Диагностические признаки процессов битумообразования и нефтегазообразования	Diagnostic indications of the genesis of bitumen, oil and natural gas	63
	Asche, ein rezentes Sediment	Зола — современный осадок	Ash, a recent sediment	67
	Tonvorkommen in Nordalbanien	Месторождения глин в северной Албании .	Occurrence of clay in North Albania	71
	Über die Lage von Flächenelementen an geneigten Faltenstrukturen	О положении поверхностей у наклонных складчатых структур	On the position of plane elements on inclined fold structures	76
	Wasserbohrungen im nord- und mittelsächsischen Porphyrgebiet	Бурения на воду в северно- и среднесаксонской порфировой области	Drilling upon water within the North- and Middlesaxon porphyry area	78
	Vorläufer moderner Baugrundkarten	Предшественники современных карт строительного грунта	Forerunners of modern building ground maps	81
	Einige Neuigkeiten in der Erdölbohrtechnik	Некоторые новости в буровой технике на нефть	Some news on technics of oil drilling	85
	Geländeerprobung des Vibrationsgerätes Lengiprotrans WUL-2	Полевые испытания виброустановки ленгипротранса ВУЛ-2	Employment of the vibrational drilling apparatus Lengiprotrans WUL-2	85
REW	Vibrationsbohrgerät EWBU-20 für die Erkundung von Seifenlagerstätten	Вибробуровая установка ЭВБУ-20 для разведки россыпных месторождений	Vibrational drilling apparatus EWBU-20 for the exploration of placer deposits	86
	chungen und Referate, Nachrichten und Informationen, Kurznachrichten			88—96

FÜR ANGEWANDTE GEOLOGIE berichtet ständig ausführlich über folgende Arbeitsgebiete: Geologische Grundlagen-
gerstättenforschung / Methodik der geologischen Erkundung / Ökonomie und Planung der geologischen Erkundung /
gischen Erkundung / Geologie und Lagerstättenkunde im Ausland / Bibliographie, Verordnungen, Richtlinien,
Konferenzen, Personalnachrichten

FÜR ANGEWANDTE GEOLOGIE ist kein Organ einer engen Fachgruppe. Auf ihren Seiten können alle strittigen Fragen
ktischen Geologie behandelt werden. Die Autoren übernehmen für ihre Aufsätze die übliche Verantwortung.

ZEITSCHRIFT FÜR ANGEWANDTE GEOLOGIE

HERAUSGEGEBEN VON
DER STAATLICHEN GEOLOGISCHEN KOMMISSION
UND DER ZENTRALEN VORRATSKOMMISSION
DER DEUTSCHEN DEMOKRATISCHEN REPUBLIK

AKADEMIE-VERLAG · BERLIN

Fotowettbewerb

Die Geologische Gesellschaft in der DDR veranstaltet in Verbindung mit der Zentralen Kommission Fotografie in der DDR aus Anlaß ihrer 7. Jahrestagung vom 31. Mai bis 4. Juni 1960 im demokratischen Sektor von Groß-Berlin einen Fotowettbewerb, verbunden mit einer Fotoausstellung während der Tagung.

Die ausgestellten Bilder sollen die Bedeutung der Fotografie auf dem gesamten Gebiet der Geologie klar erkennen lassen. Vorbildliche Aufnahmen sollen zeigen, daß die dokumentarische Aussagekraft durch fotographisch-künstlerische Erfassung des dargestellten Objektes erhöht wird. Ziel der Ausstellung ist es u. a., das Niveau der Abbildungen in Veröffentlichungen durch anregende Beispiele zu erhöhen.

Teilnahmebedingungen:

Teilnehmerkreis: Zur Teilnahme berechtigt sind die Mitglieder der Geologischen Gesellschaft in der DDR, ferner alle Angehörigen geologischer Institutionen (Staatliche Geologische Kommission, Hoch- und Fachschul-Institute, Institute der Deutschen Akademie der Wissenschaften zu Berlin u. ä. Einrichtungen). Ausgeschlossen von der Teilnahme sind Fachfotografen.

Motive: Zur Einsendung können gelangen:

Landschaftsaufnahmen mit deutlicher geologischer Aussage, Aufschlußbilder, Aufnahmen unter Tage, ferner Lupen- und Mikroaufnahmen von Fossilien, Gesteinen, Mineralien o. dgl. Auch Fotos, die den Geologen bei seiner Arbeit zeigen, sind erwünscht.

Die genannten Beispiele sollen das Thema nicht begrenzen, sie sind nur als Anregung gedacht.

Einsendungen: Zugelassen sind je Einsender 5 Schwarzweiß-Vergrößerungen, deren längste Seite mindestens 30 cm, jedoch nicht über 60 cm betragen soll.

Die Vergrößerungen dürfen fototechnisch keine Mängel aufweisen. Die Art der Bearbeitung (z. B. Hochglanz, Velvet o. dgl.) bleibt jedem Teilnehmer überlassen.

Einsendetermin: Die Einsendungen müssen bis zum 20. April 1960 (Datum des Poststempels) unter der Anschrift: Fotowettbewerb der Geologischen Gesellschaft i. d. DDR, z. Hd. v. Dr. G. Möbus, Geotektonisches Institut der DAW, Berlin W 8, Otto-Nuschke-Straße 22/23, eingegangen sein.

Bildangaben: Auf der Rückseite jedes Fotos ist anzugeben:

1. Vor- und Zuname des Bildautors,
2. Genaue Anschrift und Dienststelle des Bildautors,
3. Verwendete Kamera,
4. Verwendetes Filmmaterial,
5. Bildtitel.

Jeder Einsendung ist unabhängig davon eine Aufstellung sämtlicher eingesandten Fotos beizufügen.

Auswertung: Die eingesandten Fotografien werden nach Ablauf der Einsendefrist einer Jury vorgelegt. Diese wählt die zur Ausstellung gelangenden Bilder aus.

Die Jury besteht aus: einem Vertreter des Vorstandes der Geol. Ges. i. d. DDR, einem Vertreter der Zentralen Kommission Fotografie der DDR, einem Vertreter der Fachfotografen an den Geologischen Institutionen.

Die Autoren der ausgestellten Fotos erhalten eine Urkunde.

Darüber hinaus ist beabsichtigt, eine Auswahl der eingesandten Fotos in einem Bildband zu veröffentlichen. Kurze Bildunterschriftstexte werden von den betreffenden Autoren durch eine besondere Benachrichtigung erbeten.

Rücksendung: Die Rücksendung der zur Ausstellung und Veröffentlichung nicht angenommenen Bilder erfolgt umgehend nach der Auswertung in den Monaten Mai und Juni 1960. Die angenommenen Fotos verbleiben zur Verfügung der Geologischen Gesellschaft i. d. DDR.

Allgemeine Bestimmungen:

1. Die Jury entscheidet unanfechtbar unter Ausschluß des Rechtsweges.
2. Der Einsender muß alleiniger Urheber der Aufnahmen sein und die Genehmigung evtl. abgebildeter Personen für die Veröffentlichung besitzen.
3. Das Urheberrecht bleibt dem Einsender erhalten, jedoch stehen dem Veranstalter alle eingesandten Bilder für die Ausstellung in Berlin und für alle damit in Zusammenhang stehenden Veröffentlichungen zur Verfügung.
4. Die Rücksendung erfolgt in zweckmäßiger Verpackung zu Lasten des Veranstalters. Die Fotos werden mit größter Sorgfalt behandelt, jedoch haftet der Veranstalter nicht für Beschädigungen und Verluste, die auf dem Transportwege auftreten.
5. Mit der Einsendung erkennt der Teilnehmer die vorstehenden Bedingungen unwiderruflich an.

Geologische Gesellschaft in der DDR

Dipl.-Min. J. Lamprecht
Wissenschaftlicher Sekretär

Dipl.-Geol. Dr. G. Möbus
Beauftragter für die Fotoausstellung

Sekretariat der Geologischen Gesellschaft in der DDR, Berlin N 4, Invalidenstraße 44. Tel. 2206 2666

(84) Ag 145/60/DDR 2 1 20

ZEITSCHRIFT FÜR ANGEWANDTE GEOLOGIE

CHEFREDAKTEUR: PROF. DR. E. LANGE

BAND 6 · FEBRUAR 1960 · HEFT 2

Evolution der endogenen Erzbildung[1)]

W. I. SMIRNOW, Moskau

Bei der Sicherstellung der mineralischen Rohstoffbasis der Sowjetunion kommt den geologischen Wissenschaften eine besondere Stellung zu. Ihre Bedeutung ist dann besonders groß, wenn es gilt, Lagerstätten in größeren Teufen zu erschließen. Für das Aufsuchen von solchen Lagerstätten muß man das Wesen ihrer Bildungsprozesse und die Gesetzmäßigkeiten ihrer Verbreitung kennen.

Besondere Aufmerksamkeit richten die Wissenschaftler auf die endogenen Lagerstätten. Diese Lagerstätten bildeten sich im Erdinnern aus magmatischen Schmelzen, deren Gasen und Dämpfen. In die Gruppe der endogenen Lagerstätten gehören die wichtigsten Vorkommen der seltenen und Buntmetalle sowie der Edel- und radioaktiven Metalle. Die Klärung der geologischen Bedingungen bei der Entstehung dieser Lagerstätten und die Untersuchung der Evolution des Prozesses der Erzbildung, von der ältesten bis zur jüngsten Epoche, weiterhin die Gesetzmäßigkeiten der Verteilung dieser Vorkommen auf dem Gebiet der UdSSR sind die wichtigsten und bedeutendsten Probleme für wissenschaftlich begründete Sucharbeiten auf neue Erzlagerstätten.

Mit der Untersuchung der geologischen Bildungsverhältnisse endogener Erzlagerstätten und deren räumlicher Verteilung beschäftigen sich in der UdSSR viele bekannte Geologen. Die Untersuchungen beschränkten sich aber bisher fast immer nur auf einzelne Provinzen und erfaßten nicht das Territorium der UdSSR in seiner Gesamtheit.

Die Analyse der Erzführung des gesamten Territoriums der UdSSR hat vor allem in Hinsicht auf die endogene Vererzung besondere Bedeutung. Die endogenen Lagerstätten sind hauptsächlich in Faltenzonen konzentriert, die die Randgebiete der Russischen und Sibirischen Plattform bilden. Ebenfalls kommt es in den unteren Strukturstockwerken dieser Plattformen zu einer Konzentration von Vererzungen. Verschiedentlich nähern sich diese Strukturen der Erdoberfläche, wie z. B. auf dem Baltischen, Ukrainischen, Aldanischen Schild u. a.

Auf dem Territorium der UdSSR kam es in der vergangenen geologischen Zeit mehrfach zu endogenen Erzbildungen. Man kennt folgende Hauptepochen der endogenen Erzlagerstättenbildung (in den weiteren Ausführungen bezeichnen wir diese Epochen als metallogenetische Epochen):

Archaikum vor mehr als	2 Mill. Jahren
Algonkium „ „ „	1 „ „
Kaledonische Epoche	500—250 Mill. Jahre
Kimmerische Epoche	100— 60 „ „
Alpidische Epoche	bis 60 „ „

Diese metallogenetischen Epochen entsprechen den allgemeinen Zyklen der Formierung der oberen Erdkruste. Sie stehen aber mit den geosynklinalen Zonen in unmittelbarer Verbindung.

Eine große Bedeutung für die Herausbildung der Struktur der oberen zehn km der Erdkruste hatten die schon erwähnten Geosynklinalgebiete oder auch beweglichen Zonen, die die stabilen Gebiete (Schilde) der Erdoberfläche umgeben. Die Geosynklinalen sind sich linear erstreckende Gebiete. Durch Einwirken verschiedener Prozesse über einen größeren Zeitabschnitt kam es in diesen Gebieten zu Bildungen von Gebirgszügen, in denen viele magmatische Gesteinskörper auftreten. Mit diesen Intrusionen stehen, dem Charakter der Gesteine entsprechend, endogene Lagerstätten in Verbindung. In der Anfangsperiode einer Geosynklinale kommt es durch Absenkung zur Bildung eines riesigen Sammelbeckens, in dem sich sehr mächtige Sedimente ablagern. Später setzen große tektonische Bewegungen ein, Magma dringt in das Sedimentgestein, und es bilden sich Faltengebirge.

Wenn wir auf dem Territorium der UdSSR die Umrisse der Geosynklinalen festlegen und gleichzeitig die mit den verschiedenen geologischen Zyklen verbundenen endogenen Lagerstätten, können wir auf diesem Gebiet die verschiedenen metallogenetischen Provinzen von inander abgrenzen. Endogene Vererzungen einer metallogenetischen Epoche sind gewöhnlich für die Gebiete charakteristisch, in denen sich schon in einem vorherigen geologischen Zyklus Lagerstätten gebildet haben. Es ist also richtig, die Erzprovinzen nach der Verbreitung von Lagerstätten der letzten metallogenetischen Epoche festzulegen.

Die metallogenetische Einteilung des Territoriums der UdSSR nach dem angeführten Prinzip zeigt, daß alle Erzprovinzen der UdSSR in Faltengebieten liegen oder aber der Hauptteil der Provinz durch mehrere Zyklen überprägt ist (Abb. 1).

Berücksichtigt man nur die entscheidende Epoche der Vererzung, kann man sie in Provinzen mit zwei- und dreifachen Zyklen einteilen. Zu den ersten gehören folgende Provinzen: Ferner Nordosten (mit Lagerstätten der kimmerischen und alpidischen Epoche), Transbaikalien (mit Lagerstätten der herzynischen und kimmerischen Epoche), Kasachstan, Mittelasien und der Ural (mit Lagerstätten der kaledonischen und herzynischen Epoche), Altai-Sajan (mit Lagerstätten der kaledonischen Epoche und des Proterozoikums).

[1)] Aus „Priroda", H. 4, 1959, S. 17–22, Übers.: FEIRER.

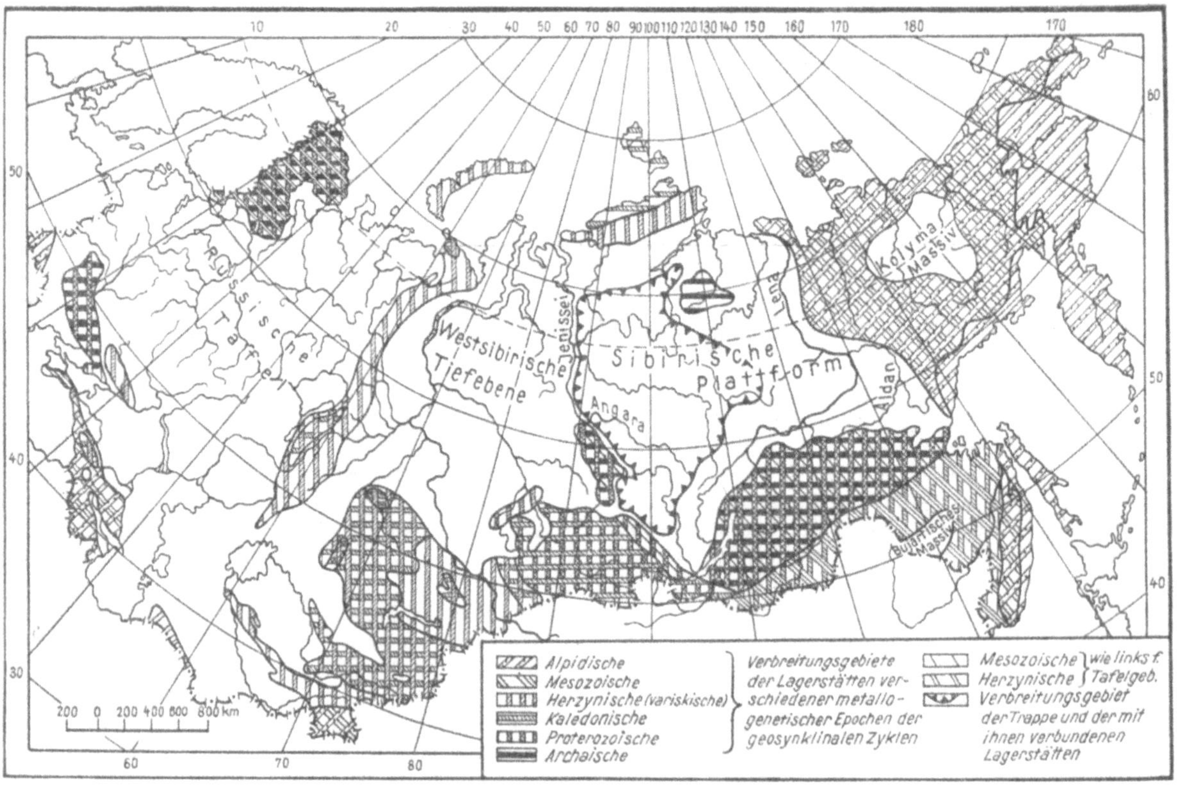

Abb. 1. Metallogenetische Karte der UdSSR

Gebiete mit drei ausgeprägten Zyklen sind der Kaukasus (Lagerstätten der herzynischen, kimmerischen und alpidischen Epoche), der Baltische Schild (Lagerstätten des Archaikums, der proterozoischen und herzynischen Epoche), der Aldanische Schild (mit Lagerstätten des Archaikums, der proterozoischen und kimmerischen Epoche).

Berücksichtigt man die unbedeutenden Vererzungen der Provinzen, so vergrößert sich die Zahl der Epochen für die obenangeführten Provinzen.

Überträgt man auf eine Karte mit eingezeichneten endogenen Vererzungen einige metallogenetische Epochen, so erkennt man einige sehr interessante Gesetzmäßigkeiten zwischen den jüngsten und den vorangegangenen Vererzungen sowie die allgemeine Evolution der Erzbildung, von den ältesten bis zu den jüngsten geologischen Perioden.

Vor der Beschreibung der Charakteristik der Evolution endogener Vererzungen in der allgemeinen geologischen Entwicklung der Erdkruste ist es erforderlich, nochmals auf die Gruppen der Erzlagerstätten hinzuweisen, die nach ihren Bildungsbedingungen zusammengefaßt sind.

Gegenwärtig unterscheidet man magmatische, pegmatitische, pneumatolytische (Greisen), skarn- und hydrothermale genetische Klassen der endogenen Lagerstätten.

Magmatische Lagerstätten entstehen unmittelbar aus der Schmelze des in der Tiefe erstarrenden Magmas. Als Vertreter dieser Gruppe sind die Titan-Eisen- und Kupfer-Nickel-Erze des Urals, der Halbinsel Kola und Sibiriens bekannt.

Pegmatitlagerstätten bilden sich aus den sogenannten mit Gasen angereicherten Restschmelzen hauptsächlich granitischer Zusammensetzung.

Bei der Durchgasung saurer Plutone kann es nach metasomatischen Prozessen (Topasierung, Turmalinisierung usw.) durch mineralisierte überkritisch-fluide Gase zu Lagerstättenbildung kommen. Es werden dabei Greisenlagerstätten mit Sn, W und Mo gebildet.

Skarnlagerstätten entstehen durch Konzentration von silikatischen und metallischen Verbindungen im Kontaktgebiet vom Magma zum Nebengestein. Das Nebengestein ist in den meisten Fällen von karbonatischer Zusammensetzung (Kalkstein, Dolomit usw.). In dieser Gruppe finden wir die größten Erzkörper von Pb, Zn, W, Cu und Fe. Als Beispiel sei hier Gora Magnitnaja im Ural angeführt, weiterhin die erst unlängst erschlossenen Lagerstätten bei Sokolowsk und Sarbaisk im Gebiet von Kustanai. Genetisch ähnlich sind auch die am Ufer des Jenissei und der Angara erschlossenen Lagerstätten.

In diesen Gebieten werden neue Zentren der Hüttenindustrie entstehen.

Zu den hydrothermalen Lagerstätten gehören Gänge und Erzkörper. Sie bildeten sich aus zirkulierendem, mineralisiertem Wasser. Diese Gruppe ist die verbreitetste innerhalb der endogenen Lagerstätten. In Lagerstätten dieses Types finden wir Cu, Bi, Pb, Zn, Au, Ag, Ni, Co, Sb, As, Hg, U und Th.

Die Untersuchung der Verbreitung dieser Gruppen in Verbindung mit der Entwicklung der Erdkruste zeigt auf dem Gebiet der UdSSR interessante Besonderheiten (Abb. 2).

Es ergab sich bei den Untersuchungen, daß sich magmatische Lagerstätten bis einschließlich der herzynischen Epoche formierten.

Später kam es zu keinerlei magmatischen Lagerstättenbildungen mehr. Die Pegmatitlagerstätten sind in ihrer Entstehung sehr alt, jedoch bildeten sich bis zur herzynischen Epoche hauptsächlich nur glimmerführende Varietäten und erst nach der herzynischen Epoche treten mit den Pegmatiten Lagerstätten seltener Metalle auf. Ähnlich ist dieses Bild für Greisenlagerstätten. Hier tritt dieselbe Erscheinung in der kimmerischen und herzynischen Epoche auf.

Die ersten schwach entwickelten hydrothermalen Lagerstätten liegen im Proterozoikum und in der kaledonischen Epoche. Einen großen Raum nehmen diese Lagerstätten in der herzynischen, kimmerischen und alpidischen Epoche ein. Die Skarnlagerstätten sind aus allen Epochen bekannt.

Die genetischen Klassen der endogenen Lagerstätten entsprechen in einem bestimmten Umfang einigen Besonderheiten der chronologischen Entwicklung großer Anreicherungen verschiedener Metalle. Einen besonderen Platz nimmt hierbei die herzynische metallogenetische Epoche ein. Innerhalb dieser Epoche entwickelten sich in breitem Umfang Lagerstätten aller genetischen Klassen und aller Metalle. Mit der herzynischen Epoche vergrößerte sich die Anzahl der Neubildungen endogener Lagerstätten auf dem Territorium der UdSSR bedeutend.

Die endogenen Erzlagerstätten kann man in sechs Gruppen einteilen. Die Lagerstätten der ersten Gruppe formierten sich vom Proterozoikum bis zum Alpidikum ohne Unterbrechung. Zu diesen „Durchläufern“ gehören Lagerstätten des Urans, Goldes und Molybdäns.

In der zweiten Gruppe sind Erzlagerstätten vom Proterozoikum bis zur herzynischen Epoche vereinigt (Fe, Ti, Ni).

Die dritte Gruppe umfaßt die Cr- und Pt-Lagerstätten der herzynischen Epoche. Lagerstätten der herzynischen und der folgenden Epochen bis einschließlich des Alpidikums (Cu, Pb, Zn, Sb, Sn) werden der vierten Gruppe zugeordnet.

Zur fünften Gruppe gehören Lagerstätten, die nur für die herzynische und kimmerische Epoche charakteristisch sind (W, Be, Li, Ta, Nb, Ce, Se).

Die Lagerstätten der sechsten Gruppe sind alpidischer Bildung (Hg). In den polyzyklischen Erzprovinzen der UdSSR beobachtet man eine bestimmte Zunahme der Intensität von endogenen Erzbildungen gegen Ende einer jeden Epoche, sowohl den jüngsten als auch den ältesten Epochen. Gleichzeitig beobachtet man eine Abnahme der magmatischen Tätigkeit von den älteren zu den jüngeren Epochen. Daraus ergibt sich folgende Regel:

Im Verlaufe der geologischen Entwicklung von Geosynklinalen und deren Verfaltung während der Orogenese nimmt die Tätigkeit der Intrusion ab, die Intensität der endogenen Erzbildung aber zu und kann einen sprunghaften Charakter annehmen.

Für alle Erzprovinzen der UdSSR sind Lagerstätten bestimmter Metalle charakteristisch. So sind z. B. im Ural die Lagerstätten des Eisens, Titans, Chroms, Kupfers und Goldes vorherrschend, während für den Kaukasus Blei, Zink, Kupfer und Molybdän charakteristisch sind; in Kasachstan herrschen Kupfer, Blei, Zink, Molybdän und Wolfram vor und im Fernen Osten und Nordosten Zinn und Gold.

Die Metalle sind in den genannten Gebieten in Lagerstätten mit bedeutender Konzentration vorhanden und können als typisch bezeichnet werden.

Der Grund für das Auftreten bestimmter Metalle in bestimmten Gebieten ist den sowjetischen Wissenschaftlern noch nicht restlos klar, der Fakt aber als solcher muß berücksichtigt werden.

Einige Geologen, die sich mit der Untersuchung endogener Lagerstätten in verschiedenen Gebieten der UdSSR beschäftigten, erkannten eine Wiederholung der Lagerstätten typischer Metalle, beginnend bei den jüngsten bis zu den ältesten Epochen der Erzbildung. Diese Besonderheiten wurden vom Mitglied der Akademie der Wissenschaften in der UdSSR, D. A. SCHTSCHERBAKOW, für den Kaukasus erkannt. Später ging N. A. BELJAJEWSKI auf diese Besonderheit des Fernen Ostens und F. D. KARPOW auf Mittelasien ein.

Die angeführte Gesetzmäßigkeit der Entwicklung von Lagerstätten typischer Metalle hat große und allgemeine Bedeutung. Besonders gut ist diese Gesetzmäßigkeit in den Gebieten zu beobachten, die erst in den jüngeren Epochen Vererzung aufweisen, und in den Gebieten mit Lagerstätten älterer Vererzungsepochen, welche kimmerisch und alpidisch überprägt wurden.

So sind z. B. für den Kaukasus die Lagerstätten des Cu, Mo, Pb, Zn und As typisch. Bekannt sind hier Cu-Lagerstätten der kaledonischen (Urup), herzynischen (Kysyl-Kol), kimmerischen (Alaverdi, Sangesur) und alpidischen Epoche (Kadsharan, Agaraki).

Die Bildung der Molybdänlagerstätten fällt in die kaledonische (Blyb), herzynische (Beljagidon), kimmerische (Tyrny-Aus) und alpidische Epoche (Paragatschai). Bekannt sind in diesem Gebiet auch herzynische Pb-Zn-Lagerstätten (Elbrus) und ähnliche Lagerstätten der kimmerischen (Sadon) und alpidischen Epoche (Kwaisi).

In Transbaikalien und dem Küstengebiet sind die Zinnlagerstätten die typischen Vertreter der metallogenetischen Provinz. Innerhalb dieses Gebietes wurden Zinnlagerstätten des Präkambriums und wahrscheinlich des mittleren Paläozoikums gefunden. In den Aureolen der granitischen Erhebungen liegen Zinnerzlagerstätten der herzynischen Epoche. Weit verbreitet sind die Zinnlagerstätten der kimmerischen (Transbaikalien) und der alpidischen (Mikojanowskoje,

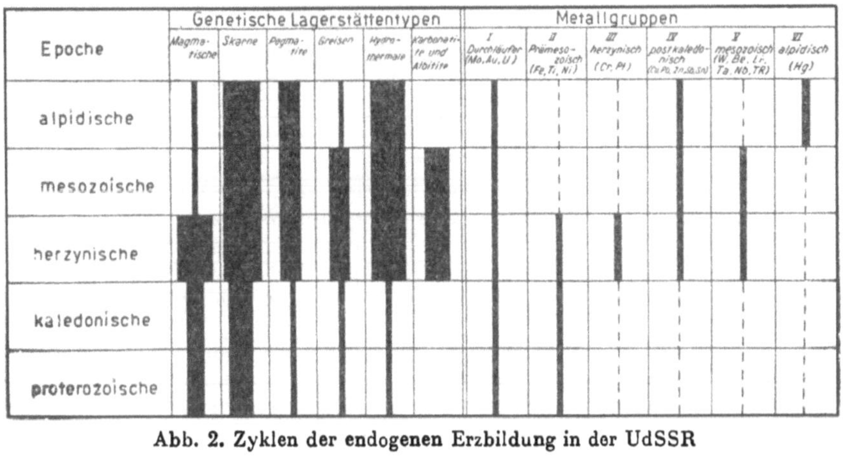

Abb. 2. Zyklen der endogenen Erzbildung in der UdSSR

Solnetschnoje und die Gruppe Sichote—Alin) metallogenetischen Epoche.

Die Gold- und Zinnlagerstätten sind typisch für den Fernen Nordosten. Der größte Teil der Goldlagerstätten dieser Provinz liegt in den kleinen Intrusionen oberjurassischen Alters. Außerdem ist auch Gold in Lagerstätten bekannt, die mit den Graniten des Kolyma-Komplexes des Oberen Jura, mit Granodioriten des ochotskischen Komplexes der Kreide und mit den jungen alpidischen Graniten des omsuktschanischen Komplexes assoziieren. Für diese Provinz sind zwei große Epochen mächtiger Zinnvererzungen bekannt, und zwar die oberjurassische Vererzung der Greisen und die hydrothermale Vererzung von der Oberkreide bis zum Tertiär.

Ähnlich bestätigt sich auch die Reihenfolge der Zusammensetzung von Lagerstätten älterer metallogenetischer Provinzen. Als Beispiel sei hier der Ural angeführt, für den die Lagerstätten des Fe typisch sind. In diesem Gebiet sind große Anreicherungen präkambrischer und auch kaledonischer Fe-Ti-Erze bekannt (Kusinskoje).

Bei den früheren Stadien des herzynischen Zyklus tritt Fe mit Cr auf. Es bildeten sich sehr große Chromitlagerstätten (Donskoje, Seranowskoje). In dieser Zeit formierte sich eine neue Serie von Fe-Ti-Erzen (Katschkanar). Später, im Oberen Silur bis zum Unteren Devon, bildeten sich in Verbindung mit den Na-Graniten Intrusions-Skarnlagerstätten mit Magnetiterzen (Wyssokaja, Blagodat). Noch später, im Endstadium des herzynischen Zyklus, in Verbindung mit den Granit- und Granodioritintrusionen, bildete sich auf der Ostseite des Urals eine zweite Gruppe großer Skarnlagerstätten mit Magnetit (Magnitnaja, Sokolowskoje, Sarbai).

Bemerkenswert ist, daß die große Konzentration endogener Erzbildungen des Fe im Ural bedeutenden sedimentären Anreicherungen des Metalles entspricht, die in allen stratigraphischen Profilen des Gebirges bekannt sind, beginnend bei den präkambrischen bis einschließlich der paläogenen Schichtenkomplexe.

Bei Wiederholung der geologischen Bedingungen, die zu den Erzbildungen in dieser oder jener Provinz führten, wiederholten sich nicht nur die Lagerstätten der typischen Metalle, sondern auch deren genetische Klassen.

Als Beispiele seien hier die äußerst komplizierten proterozoischen und herzynischen Ti-Fe-Lagerstätten des Urals, die kaledonischen, herzynischen, kimmerischen und alpiden Kupferkieslagerstätten des Erzkaukasus, die polymetallischen Ganglagerstätten des Paläozoikums, Mesozoikums, Känozoikums dieser Provinzen, die Sprenkelerzlagerstätten von Cu und Mo der kaledonischen (Boschtschekul) und herzynischen Epoche (Kounrad) in Kasachstan usw. angeführt.

In diesen Fällen kann man nicht nur von einer einheitlichen Abfolge der metallischen Zusammensetzung, sondern auch von einer einheitlichen Abfolge genetischer Klassen endogener Lagerstätten der typischen Metalle sprechen.

Ändern sich die geologischen Bedingungen, bilden sich verschiedene Klassen dieser Lagerstätten, was sehr häufig der Fall ist.

Im Kaukasus tritt z. B. Molybdän in Quarzgängen als Molybdänit und in hydrothermal veränderten kleinen Intrusionen saurer Gesteine als Kupfer-Molybdän-Sprenkelerz und als molybdänführende Skarne auf.

Die Verteilung der endogenen Lagerstätten im Rahmen der Erzprovinzen unterliegt häufig dem Gesetz der regionalen Zonen. Dieses Gesetz besagt, daß die Erzlagerstätten bestimmter mineralischer Zusammensetzung in Form von Gürteln längs der Faltenstrukturen liegen.

Veränderungen treten in Querrichtung zu den Gürteln auf. Es sei hier das Beispiel des Großen Kaukasus angeführt, wo man die Zonen in folgender Reihenfolge vorfindet:

Die polymetallische Zone des Vorkaukasus, die sich südlich anschließende Kupferzone, die Zone der seltenen Metalle im Achsenteil des Kaukasus, die Zone der jungen Mo-, As-, Sb-, und Hg-Vererzung im oberen Teil des Transkaukasus und die polymetallische Zone des unteren Teils des Transkaukasus.

Die verschiedenen Lagerstätten einer Zone des Großen Kaukasus bildeten sich in verschiedenen metallogenetischen Epochen. Man beobachtet eine auffallende Beständigkeit der Zusammensetzung des Erzes der Lagerstätten bestimmter Zonen, unabhängig von der Zeit ihrer Bildung.

So bildeten sich die Lagerstätten des W-Teiles des polymetallischen Gürtels des Vorkaukasus in der herzynischen metallogenetischen Epoche, während sich die Lagerstätten im O-Teil in der kimmerischen Epoche formierten. Im Bereich eines Streifens vulkanogener Gesteine des Vorgebirgszuges unterscheiden sich die Kupferkieslagerstätten des unteren Paläozoikums, des Devons und Karbons in ihrem Typ nicht.

Längs der Achse des Hauptgebirgszuges treten mit den kaledonischen und herzynischen Graniten in Pegmatiten, Greisen und hydrothermalen Quarzgängen Molybdän-, Arsen-, Zinn- und Wolframminerale auf. Im Transkaukasus kommen kimmerische und alpidische Blei-Zink-Lagerstätten vor.

Im Großen Kaukasus und im Bereich einzelner Erzzonen sind Lagerstätten verschiedener metallogenetischer Epochen bekannt, die nicht selten gleiche Zusammensetzung der Erze zeigen. Ähnliche Ergebnisse liegen auch aus anderen Erzprovinzen der UdSSR und anderen Ländern vor. Den Prozeß der Formierung junger Lagerstätten kann man in der Mehrzahl aller Fälle keinesfalls in Abhängigkeit mit der Umlagerung von Stoffen älterer Lagerstätten bringen, wie es der deutsche Geologe SCHNEIDERHÖHN anführte. Im Widerspruch dazu stehen die gewöhnlich kleinen Maßstäbe der älteren Lagerstätten.

Demgegenüber stehen die in der Regel größeren jüngeren Lagerstätten. Außerdem schließen die Untersuchungen der isotopischen Zusammensetzungen der Elemente der Minerale von Lagerstätten (z. B. die Bleiisotope) die Umlagerung der Stoffe aus. Nur in einzelnen seltenen Fällen trifft die Umlagerung durch eine Mobilisation der Stoffe von Lagerstätten älterer Epochen und eine Regeneration in jüngeren Epochen zu.

Wir haben nur die allgemeinsten Gesetzmäßigkeiten der Bildung von endogenen Lagerstätten und deren räumliche Verbreitung im großen Maßstab beschrieben und betrachteten weiterhin die Änderungen im Laufe der geologischen Geschichte unserer Erde.

Für das Auffinden von Erzkörpern ist neben den allgemeinen Gesetzmäßigkeiten ein genaueres, detailliertes Wissen der Bildungsbedingungen von Erzlagerstätten und deren räumliche Verbreitung in allen erzführenden Gebieten erfosderlich. Die Wissenschaftler auf dem Gebiet der Geologie geben den Praktikern, den Erkundern des Landes, damit wichtige Mittel in die Hand.

Zusammenfassung

Der Verfasser beschreibt die Evolution der endogenen Erzbildung. Art und Charakter der Erzgenese in den verschiedenen Erzprovinzen der UdSSR während der bekannten metallogenetischen Epochen der Erdgeschichte werden behandelt. Dabei wird besonders auf die Bedeutung der Geosynklinalgebiete und der mit ihnen in Verbindung stehenden Intrusionen für die Erzgenese hingewiesen. Fußend auf den genetischen Klassen der endogenen Lagerstätten, werden verschiedene Erzprovinzen der UdSSR eingehender beschrieben. Auf den polyzyklischen Charakter vieler derselben und seine Bedeutung für die Lagerstättenerkundung wird hingewiesen.

Резюме

Автор описывает эволюцию эндогенного рудообразования. Рассматриваются вид и характер генезиса руд в разных рудных провинциях СССР во время известных металлогенических эпох истории земли. При этом особенное внимание уделяется значению геосинклинальных областей и связанных с ними интрузий для генезиса руд. Основываясь на генетических классах эндогенных месторождений, дается более детальное описание различных рудных провинций СССР. Автор указывает на полицикличный характер многих из них и на его значение для поисковоразведочных работ.

Summary

In his description of the evolution of endogenous ore formation the author deals with the nature and character of ore genesis in the various ore provinces of the U. S. S. R. during the known metallogenetic epochs of earth's history. Special reference is made to the significance of geosynclinal regions and their intrusions for the genesis of ores. Based on the genetic classes of endogenous deposits, a more detailed description is given of various ore provinces of the U. S. S. R. Many of them are marked by their polycyclic character, which is of great importance for the exploration of deposits.

Geochemie der seltenen Erden[1)]

W. I. GERASSIMOWSKI, Moskau

Unter der Bezeichnung „Elemente der seltenen Erden" werden die chemischen Elemente zusammengefaßt, die im Periodischen System D. I. MENDELEJEWs die Ordnungszahlen von 57 (Lanthan) bis einschließlich 71 (Cassiopeium) haben. Man bezeichnet sie auch als Lanthaniden und rechnet gewöhnlich auch Yttrium dazu (s. Tab. 1).

Die Bezeichnung „seltene Erden" ist veraltet, da einige dieser Elemente in der Erdkruste erheblich häufiger und in größeren Mengen als die gut bekannten Elemente auftreten, die in der Technik eine bedeutende Rolle spielen. So ist z. B. der Gehalt an Cer, Neodym und Yttrium in der Erdkruste höher als der Gehalt an Beryllium, Arsen, Niob, Molybdän, Silber, Antimon, Blei, Gold, Platin u. a.

Der finnische Chemiker GADOLIN entdeckte 1794 bei der Analyse des später als Gadolinit bezeichneten Minerals als erster die Elemente der seltenen Erden. Der schwedische Chemiker EKEBERG nannte sie Yttererden. Im Jahre 1803 wurden die seltenen Erden im Mineral Cerit gleichzeitig von dem deutschen Chemiker KLAPROTH und dem schwedischen Chemiker BERZELIUS gefunden. Die erste Trennung der seltenen Erden in zwei Gruppen — Yttriumgruppe und Cergruppe — wurde 1814 von BERZELIUS und GAHN vorgeschlagen.

Zur Cergruppe gehören Lanthan, Cer, Praseodym, Neodym, Promethium, Samarium und Europium, zur Yttriumgruppe Gadolinium, Terbium, Dysprosium, Holmium, Erbium, Thulium, Ytterbium, Cassiopeium und Yttrium.

Viele Wissenschaftler richten ihr Augenmerk auf die seltenen Erden, da diese nicht nur in wissenschaftlicher, sondern auch in praktischer Hinsicht recht interessant sind.

In den letzten Jahren nahm die Gewinnung der seltenen Erden einen erheblichen Aufschwung. So wurden im Zeitraum von 1930 bis 1939 außerhalb der UdSSR durchschnittlich 4500 t gewonnen, 1955 aber bereits 32000 t. Die Anwendungsgebiete erfuhren eine bedeutende Erweiterung (KOMISSAROWA & PLJUSCHTSCHEW 1957). Wenn man bis dahin industriell nur Gemenge der seltenen Erden erhielt, so ist heute die Produktion der Einzelelemente gewährleistet, und die Verwendung einiger dieser Elemente gewann große Bedeutung.

In der Eisenmetallurgie verwendet man sie zur Legierung verschiedener Stahlsorten, in der Buntmetallurgie dienen sie dazu, die Eigenschaften verschiedener Legierungen, besonders Aluminium- und Magnesiumlegierungen, zu verbessern.

Die seltenen Erden gehören zur Zusammensetzung der Gasabsorber, die bei der Produktion von Elek-

Tab. 1. Die seltenen Erden und ihr Gehalt in der Erdkruste

Ordnungszahl	Name	Symbol	Wertigkeit	Ionenradius des dreiwertigen Elements	Gehalt in der Erdkruste (g/t) nach		
					A. E. FERSMAN	A. P. WINOGRADOW	V. M. GOLDSCHMIDT
39	Yttrium	Y	3	1,06	50	28	31
57	Lanthan	La	3	1,22	6,5	18	19
58	Cer	Ce	3,4	1,18	29	45	44
59	Praseodym	Pr	3,(4)	1,16	4,5	7	5,6
60	Neodym	Nd	3	1,15	17	25	24
61	Promethium	Pm	3	—	?	?	?
62	Samarium	Sm	(2),3	1,13	7	7	6,5
63	Europium	Eu	2,3	1,12	0,2	1,2	1
64	Gadolinium	Gd	3	1,11	7,5	10	6,3
65	Terbium	Tb	3,(4)	1,09	1	1,5	1
66	Dysprosium	Dy	3	1,07	7,5	4,5	4,3
67	Holmium	Ho	3	1,05	1	1,3	1,2
68	Erbium	Er	3	1,03	6,5	4	2,4
69	Thulium	Tu	3	1,01	1	0,8	0,3
70	Ytterbium	Yb	(2),3	1,00	8	3	2,6
71	Cassiopeium	Cp	4	0,99	1,7	1	0,7

1) „Priroda", H. 6, 1959, S. 19—26. Übers. W. OESTREICH.

tronenlampen verwendet werden, sie gehören zur Zusammensetzung der Kristallphosphore, die in den Fernsehbildschirmen Verwendung finden, ferner sind sie in den Elektronenstrahlröhren der Radareinrichtungen zu finden usw. In der Atomtechnik verwendet man einige dieser Elemente zur Absorption der Wärmeneutronen in Kernreaktoren, ferner als Gammastrahler. Man erhält z. B. nach Bestrahlung des natürlichen Thuliums 169 im Kernreaktor das radioaktive Isotop Thu ium 170, einen weichen Gammastrahler, der die jetzigen Röntgenanlagen ersetzt. Ein solcher Strahler ist leicht transportabel (er wiegt nur einige Kilogramm), braucht keinen elektrischen Strom und kann in jeder beliebigen Situation arbeiten. Er wird auch bei der industriellen Defektoskopie verwendet.

Weitere Anwendungsgebiete der seltenen Erden: in der Elektrotechnik bei der Herstellung der Kohlen (Elektroden) der Bogenlampen und Projektoren von außerordentlicher Helligkeit; in der chemischen Industrie als Katalysatoren bei der Produktion von Kunstfasern und Kunststoffen, beim Kracken von Erdöl usw.; in der Leichtindustrie beim Färben von Leder und Geweben, beim Wasserfestmachen von Textilien und technischen Geweben; in der Silikattechnik bei der Herstellung von Gläsern, die für infrarotes Licht durchlässig sind und ultraviolettes Licht absorbieren, ferner zur Färbung und Entfärbung von Glas, zum Polieren von optischem Glas. Außerdem finden die seltenen Erden in einer ganzen Reihe weiterer Zweige der Volkswirtschaft Verwendung. Die seltenen Erden sind auch bei der Lösung geochemischer Fragen recht beachtenswert.

Akademiemitglied A. E. FERSMAN und W. M. GOLDSCHMIDT leisteten einen bedeutenden Beitrag zum Studium der Geochemie der seltenen Erden.

Vergleicht man die Gehalte der einzelnen seltenen Erden in der Erdkruste miteinander (s. Tab. 1 und Abb. 1), so zeigt sich, daß von zwei benachbarten Elementen im Periodischen System D. I. MENDELEJEWs die Elemente mit geraden Ordnungszahlen in größeren Mengen auftreten als die benachbarten ungeradzahligen Elemente. Diese originelle geochemische Besonderheit wurde mehrfach von GOLDSCHMIDT und anderen Wissenschaftlern hervorgehoben.

Für die Familie der seltenen Erden (TR) von Lanthan (Nr. 57) bis Cassiopeium (Nr. 71) einschließlich Yttrium (Nr. 39) ist charakteristisch, daß sie immer zusammen in ein und denselben Mineralien enthalten sind. Das ist durch die Elektronenhülle der Atome der seltenen Erden bedingt. Beim Übergang von einem Element zum anderen und folglich mit wachsender Kernladung ordnen sich die Elektronen auf einer der inneren Schalen an, während die Zahl der Elektronen in der äußeren Schale gleichbleibt. Die bei den seltenen Erden zu beobachtende Ähnlichkeit in der Anordnung der Elektronen der Außenschalen erklärt die außerordentliche Ähnlichkeit der chemischen Eigenschaften und das gemeinsame Auftreten in der Natur.

In den natürlichen Verbindungen (Mineralien) sind die seltenen Erden dreiwertig, seltener zwei- und vierwertig. Die Wertigkeit vier ist für Cer am kennzeichnendsten.

Von den seltenen Erden kommt nur Europium in der Natur zweiwertig vor. Es ist in Mineralien konzentriert, die Kalium, Strontium und Blei enthalten, also in Kalifeldspäten, Sphen, Strontianit und Pyromorphit (GOLDSCHMIDT 1938).

In den Mineralien der seltenen Erden ist Europium häufig in erheblich geringeren Mengen anwesend als

Tab. 2. Die wichtigsten Mineralien der seltenen Erden

Name des Minerals	Formel des Minerals	Gehalt in %			Genetischer Typ der Lagerstätte
		Ce_2O_3	Y_2O_3	TR_2O_3	
	Komplizierte Oxyde				
Knopit	$(Ca, Ce)(Ti, Fe)O_3$	6,81	–	–	Kontaktmetasomatisch, magmatisch
Loparit	$(Na, Ce, Ca)(Ti, Nb)O_3$	31–33	–	–	Magmatisch
Pyrochlor	$NaCaNb_2O_6$	4,36–5,90	0,46	4,36–6,36	Pegmatitisch
Fergusonit	$(Y, Er, Ce)(Nb, Ta)O_4$	0,2–4,0	28–40	31–41	Pegmatitisch (Granite)
Euxenit	$(Y, Ca, Ce, U, Th)(Nb, Ta, Ti)_2O_6$	0,4–2,4	24–28	25–30	Pegmatitisch (Granite)
Polykras	$(Y, Ca, Ce, U, Th)(Ti, Nb, Ta)_2O_6$	0,6–2,6	25–27	26–29	
Äschynit	$(Ce, Ca, Fe^{2+}, Th)(Ti, Nb)_2O_6$	19,50	4,53	25,0	Pegmatitisch (Nephelinsyenite)
Priorit	$(Y, Er, Ce, Ca, Fe^{2+}, Th)(Ti, Nb)_2O_6$	2–4,3	17–29	21–30	Pegmatitisch (Granite)
Samarskit	$(Y, Ce, U^{4+}, Fe^{2+})(Nb, Ta)_2O_6$	0,9–4,2	8–17	10–19	
Chlopinit	$(Y, U, Fe)(Nb, Ta, Ti)_2O_6$	–	17,65	–	Pegmatitisch (Granite)
Brannerit	$(U, Ca, Fe)TiO_6$	0,3–7,3	1,8–4,3	bis 7,35	Pegmatitisch, kontaktmetasomatisch
	Einfache Oxyde				
Uraninit	$l(U, Th)O_2 \cdot m\,UO_3 \cdot n\,PbO$	–	–	bis 4,4	Pegmatitisch (Granite)
a) Bröggerit	Varietät des Uraninits (mit TiO_2-Gehalt)	–	–	bis 6,16	
b) Cleveit	Varietät des Uraninits (Gehalt an TR, Th)	–	–	bis 15,0	
Thorianit	$(Th, U)O_2 \cdot PbO$	bis 8,04	–	bis 8,04	Magmatisch, kontaktmetasomatisch, Seifen
	Karbonate				
Parisit	$(Ce, La)_2Ca(CO_3)_3F_2$	55–61	0,0–7,86	5,5–61,0	Pegmatitisch, hydrothermal
Bastnäsit	$(Ce, La)(CO_3)F$	73–76	–	–	Kontaktmetasomatisch, hydrothermal
	Phosphate				
Xenotim	YPO_4	0,9–2,1	57–68	57–68	Pegmatitisch (Granite)
Monazit	$(Ce, La, Y, Th)PO_4$	52–74	1,1–5,0	56–75	Seifen
Apatit	$(Ca, Ce)_5(PO_4)_3(F, Cl, OH)$	0,7–4,9	–	–	Magmatisch (Nephelinsyenite)
	Silikate				
Yttrialith	$(Y, Th, U, Fe)_2Si_2O_7$	3,8–8,2	43,4–49,3	49–51	Pegmatitisch (Granite)
Orthit	$(Ca, Ce)_2(Al, Fe)_3Si_3O_{12}(OH)$	11–22,5	0,1–6,1	11–23,3	Magmatisch, pegmatitisch (Granite)
Cyrtolith	$ZrSiO_4 \cdot n\,H_2O$ (Varietät des Zirkons)	bis 1,16	bis 8,93	bis 10,1	Pegmatitisch
Rinkolit	$Na_2Ca_4CeTi(Si_4O_{15})(F, OH)_3$	13,7–14,4	0,9–1,8	15,5–19,1	Pegmatitisch (Nephelinsyenite)
Gadolinit	$Y_2FeBe_2Si_2O_{10}$	5–32	22–50	–	Pegmatitisch (Granite)
Eudialyt	$Na_4Ca(Fe_2ZrSi_6O_{18})(OH, Cl)$	bis 4,26	–	–	Magmatisch und pegmatitisch (Nephelinsyenite)

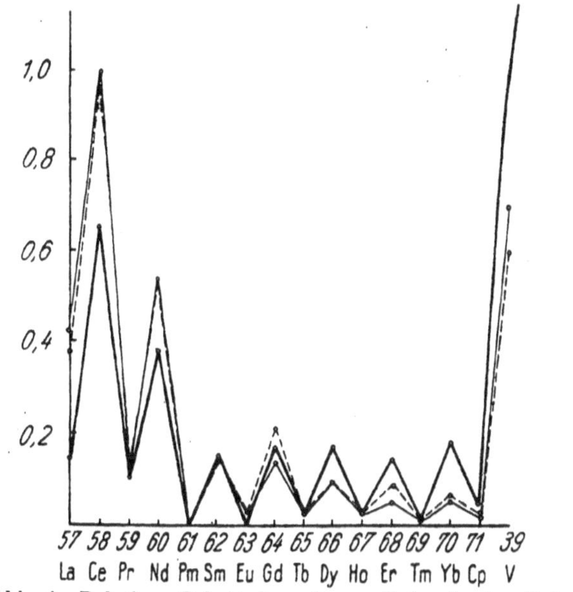

Abb. 1. Relativer Gehalt der seltenen Erden in der Erdkruste nach A. E. FERSMAN (dicke Linie), A. P. WINOGRADOW (gestrichelte Linie) und V. M. GOLDSCHMIDT (dünne Linie).

die anderen ungeradzahligen Elemente. Die Erklärung dafür ist, daß das Europium in der Natur nicht nur dreiwertig, sondern auch zweiwertig vorkommt; das führt zu seiner Absonderung von den anderen Lanthaniden.

In der Erdkruste bilden die seltenen Erden entweder selbständige Mineralien, oder sie treten in andere Mineralien ein und ersetzen dort Atome oder Ionen anderer Elemente, die hinsichtlich des Ionenradius, der Valenz und des Strukturtyps ähnlich sind.

In vielen Mineralien ist eine enge Verbindung der seltenen Erden mit Kalzium und Strontium zu beobachten. Ca und Sr werden häufig durch seltene Erden substituiert, worauf GOLDSCHMIDT (1938) und FERSMAN (1939) mehrmals hingewiesen haben. Diese Substitution tritt deutlich bei Mineralien in Erscheinung, die in alkalireichen Gesteinen (Nephelinsyeniten) vorkommen. Als Beispiel können die Mineralien Apatit, Loparit, Rinkolit, Eudialyt u. a. genannt werden, deren chemische Zusammensetzung in Tab. 2 angegeben ist. In diesen Mineralien ist gewöhnlich auch Na enthalten. Die Ersetzung des Kalziums und Strontiums durch seltene Erden in diesen Mineralien kann man sich schematisch wie folgt vorstellen:

$$(Ca, Sr)_2^{2+} \rightarrow Ce^{3+} + Na^{+}$$

Die Substitution der zweiwertigen Elemente — Kalzium und Strontium — durch die dreiwertigen seltenen Erden wird in erster Linie durch die Ähnlichkeit der Ionenradien bedingt. Die letzteren haben bei den dreiwertigen seltenen Erden folgende Werte: bei der Cergruppe von 1,22 Å (La) bis 1,12 (Eu), bei der Yttriumgruppe von 1,11 (Gd) bis 0,99 (Cp); die entsprechenden Werte für Ca^{2+} und Sr^{2+} sind 1,06 Å bzw. 1,27 Å (GOLDSCHMIDT 1954). In den Mineralien ist ein enger Zusammenhang der seltenen Erden mit Thorium, Uran, Zirkonium, Niob und Tantal zu beobachten, z. B. in den Uran- und Thoriumoxyden: im Uraninit und Thorianit; ferner in den Silikaten des Thoriums und Zirkoniums: im Thorit, Zirkon und dessen Varietäten; in den Phosphaten der seltenen Erden, z. B. im Monazit; schließlich in den Mineralien der Titan-Tantal-Niobate.

In den natürlichen Oxyden und Silikaten des Urans, Thoriums und Zirkoniums sind die seltenen Erden wahrscheinlich vierwertig, sie ersetzen Uran, Thorium und Zirkonium. Die Ionenradien dieser Elemente, wenn sie in vierwertiger Form auftreten, sind sehr ähnlich:

Ce^{4+} — 1,02 Å; Pr^{4+} — 1,00, Tb — 0,89, Th^{4+} — 1,10, U^{4+} — 1,05 und Zr^{4+} — 0,87

In dem weitverbreiteten thoriumhaltigen Mineral Monazit ($CePO_4$) sind die seltenen Erden dreiwertig, sie werden durch das vierwertige Thorium ersetzt. Diese Substitution verläuft wahrscheinlich nach folgendem Schema:

$$Th^{4+} + Ca^{2+} \rightarrow 2\,Ce^{3+} \text{ oder } Th^{4+} + Si^{4+} \rightarrow Ce^{3+} + P^{5+}$$

In den Mineralien aus der Gruppe der Titan-Tantal-Niobate (Fergusonit, Euxenit, Polykras — Äschynit, Samarskit, Pyrochlor u. a.) bewegt sich der Anteil der seltenen Erden zwischen einigen Zehntel Prozent und 41%. In dieser Gruppe gibt es selbständige Mineralien der seltenen Erden und Mineralien, in denen die seltenen Erden in untergeordnetem Maß auftreten. Im letzten Fall substituieren sie offenbar das Kalzium nach dem Schema

$$Y^{3+}Ti^{4+} \rightarrow Ca^{2+}Nb^{5+}$$

In den zu den Titan-Tantal-Niobaten gehörenden Mineralien sind die seltenen Erden in den meisten Fällen durch die Yttriumgruppe vertreten.

Wie bereits erwähnt, erklärt sich die Konzentration des zweiwertigen Europiums in kalium-, strontium- und bleihaltigen Mineralien durch die Ähnlichkeit ihrer Ionenradien:

Eu^{2+} — 1,24 Å; Sr^{2+} — 1,27, Pb^{2+} — 1,32; K^{+} — 1,33

Die Mineralien, welche seltene Erden enthalten, werden auf Vorschlag von GOLDSCHMIDT und TOMASSEN (1933) üblicherweise in zwei Gruppen untergliedert:

a) Komplexe Mineralien, die in ihrer Zusammensetzung eine ganze Reihe seltener Erden enthalten, ohne daß in mengenmäßiger Hinsicht Elemente der Cer- oder der Yttriumgruppe frappant vorherrschen; dazu gehören seltene Erden führender Flußspat, Gadolinit, Pyrochlor u. a.

b) Selektive Mineralien, in denen entweder die seltenen Erden der Cergruppe (Monazit) oder der Yttriumgruppe (Xenotim) dominieren.

JE. I. SEMJONOW (1958) sonderte nach dem vorherrschenden Element bei den selektiven Mineralien

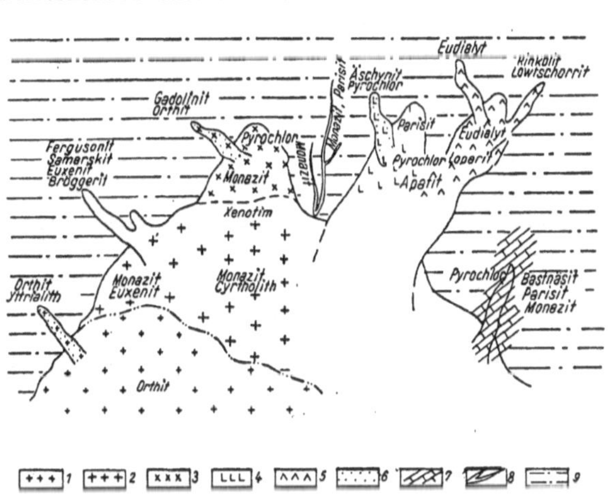

Abb. 2. Schema der Verteilung der Mineralien der seltenen Erden in den Gesteinen

1 — Granodiorite, 2 — Granite, 3 — Alkaligranite, 4 — Nephelinsyenite (Miaskittyp), 5 — Nephelinsyenite (agpaitischer Typ), 6 — Pegmatite, 7 — Karbonatite, 8 — hydrothermale Gänge, 9 — sedimentär-metamorphe Gesteine

folgende Untergruppen aus: Cer-, Neodym-, Gadolinium-, Dysprosium- und Ytterbium-Untergruppe. In den Mineralien wurden bestimmte Wechselbeziehungen und Gesetzmäßigkeiten zwischen den seltenen Erden nachgewiesen. So kann man an Hand des Wertes des Verhältnisses Cer : Neodym in selektiven Cererdenmineralien, oder Ytterbium : Erbium in selektiven Ytererdenmineralien, oder Cer, Ytterbium und Erbium : Neodym in komplexen Mineralien die Verhältnisse zwischen allen seltenen Erden in den Mineralien bestimmen.

Bei der Anordnung der Atome der seltenen Erden im Kristallgitter der Mineralien ist auch eine Gesetzmäßigkeit zu beobachten. In den Mineralien haben die seltenen Erden Koordinationszahlen von 6 bis 12 (SEMJONOW 1957), wobei die hohen Koordinationszahlen — 10, 11, 12 — für die selektiven Cermineralien, die niedrigen — 6 — für die selektiven Yttriummineralien und die dazwischenliegenden — 7, 8, 9 — für die komplexen Mineralien der seltenen Erden und seltener für die selektiven Yttriummineralien charakteristisch sind.

Als Koordinationszahl eines bestimmten Ions (Atoms) bezeichnet man die Zahl der berührenden Ionen (Atome) eines anderen Elements, die mit ihm im Kristallgitter eines Minerals auftreten.

Die seltene Erden führenden Mineralien gehören zu folgenden Gruppen (s. auch Tab. 2): Haloidverbindungen — 3 Mineralien; Oxyde (im wesentlichen komplizierte Oxyde, die Ti, Nb und Ta enthalten) — über 40 Mineralien; Karbonate — 11 Mineralien; Phosphate — 12 Mineralien, Silikate — 33 Mineralien.

Die meisten Mineralien der seltenen Erden wurden in Pegmatiten gefunden. Pegmatite sind grobkörnige, aus magmatischen Restlösungen entstandene Gesteine. Diese Restlösungen waren mit flüchtigen Substanzen (Wasser, Fluor, Chlor u. a.) sowie seltenen und dispersen Elementen (Niob, Lithium, Beryllium u. a.) angereichert. Genetisch stehen die Pegmatite mit Graniten und Nephelinsyeniten in Zusammenhang. In den Granitpegmatiten herrschen bei den Mineralien der seltenen Erden die Yttriumelemente gewöhnlich gegenüber den Cerelementen vor, während in den Pegmatiten der Nephelinsyenite gewöhnlich das umgekehrte Verhältnis zu beobachten ist.

Von den seltene Erden führenden Mineralien der Granitpegmatite sind die zur Gruppe der komplizierten Oxyde gehörenden Mineralien am meisten verbreitet, die außer TR noch Ti, Nb Ta, häufig Th, U u. a. enthalten, ferner einige Silikate (Yttrialith, Orthit, Cyrtolith u. a.) und Phosphate (Xenotim und Monazit). Innerhalb der Silikate und Phosphate kommen Mineralien vor, in deren Zusammensetzung die seltenen Erden der Cergruppe gegenüber den Elementen der Yttriumgruppe stark vorherrschen. Dazu gehören Monazit und Orthit.

In den Pegmatiten der Nephelinsyenite sind von den seltene Erden führenden Mineralien Silikate, Titan- und Zirkonsilikate (Stenstrupin, Rinkolit, Lovtschorrit, Eudialyt u. a.) am meisten verbreitet.

In den Pegmatiten ist nur eine unerhebliche Menge der seltenen Erden konzentriert; die Hauptmenge befindet sich in den magmatischen Gesteinen, von denen die Nephelinsyenite und die Granite am reichsten an seltenen Erden sind. In den Nephelinsyeniten ist die Hauptmenge der seltenen Erden in den Mineralien folgender Gruppen konzentriert: komplizierte Oxyde, die Titan und Niob enthalten (Loparit); Zirkon- und Titansilikate (Eudialyt, Sphen); Phosphate (Apatit). In diesen Mineralien, mit Ausnahme von Eudialyt, herrschen die Elemente der Ceriumgruppe stark gegenüber den Elementen der Yttriumgruppe vor. In den Mineralien der viel Kalium und Natrium enthaltenden Nephelinsyenite ist das quantitative Verhältnis der Elemente der Cergruppe gewöhnlich wie folgt:

$$Ce > La > Nd > Pr$$

(BOROWSKI & GERASSIMOWSKI 1945)

Jene seltenen Erden, bei denen die alkalischen Eigenschaften stärker ausgeprägt sind (La und Ce), konzentrieren sich in erster Linie in den Nephelinsyeniten, die mit Alkalien am stärksten angereichert sind. In diesen Gesteinen erscheint sogar das Mineral Nordit, in dem der Gehalt des ungeradzahligen Lanthans (Nr. 57) größer als der Gehalt des benachbarten geradzahligen Cers ist.

In den Graniten sind die seltenen Erden im Orthit, Monazit, Xenotim und in Mineralien konzentriert, die geringe Mengen seltener Elemente enthalten (Apatit, Fluorit, Sphen, Zirkon, Granat u. a.).

Die in der Literatur vorhandenen Angaben über den Gehalt der seltenen Erden in den Gesteinen sind recht bescheiden. Sie sind in der Arbeit von A. P. WINOGRADOW (1957) zusammengestellt. Der Gehalt der seltenen Erden (mit Ausnahme des Yttriums) nimmt von basischen zu sauren Gesteinen hin zu. In Tonschiefern beträgt er im Durchschnitt 0,015%, in Tiefmeerablagerungen des Schwarzen Meeres 0,013—0,040% (OSTROUMOW 1953), in Phosphoriten bis 0,13% manchmal bis 0,67% (BORNEMAN-STARYNKEWITSCH u. a. 1941). In den Böden der Russischen Tafel beträgt er 0,01—0,02%, in den Böden der USA 0,024%. Im Meerwasser wurden $3 \cdot 10^{-8}$% Lanthan, $3 \cdot 10^{-8}$% Cer und $3 \cdot 10^{-8}$% Yttrium gefunden; außerdem wurden Neodym, Praseodym und Samarium quantitativ nachgewiesen. Die zuletzt angeführten drei Elemente wurden auch in Kalkalgen in einer Menge von $5 \cdot 10^{-6}$% (WINOGRADOW 1944) gefunden. Seltene Erden (Tausendstel, Hundertstel und sogar Zehntel Prozent) wurden auch in Steinkohlenaschen gefunden. Im Durchschnitt sind in Sedimentgesteinen (Tonen und Schiefern) enthalten (WINOGRADOW 1956): $4 \cdot 10^{-3}$% La, $3 \cdot 10^{-3}$% Ce, $5 \cdot 10^{-4}$% Pr, $1{,}8 \cdot 10^{-3}$% Nd, $5 \cdot 10^{-4}$% Sm, $1 \cdot 10^{-4}$% Eu, $5 \cdot 10^{-4}$% Gd, $9 \cdot 10^{-5}$% Tb, $4 \cdot 10^{-4}$% Dy, $1 \cdot 10^{-4}$% Ho, $2{,}5 \cdot 10^{-4}$% Er, $2 \cdot 10^{-5}$% Tu, $2{,}2 \cdot 10^{-5}$% Yb, $2 \cdot 10^{-5}$% Cp und $3{,}3 \cdot 10^{-3}$% Y.

Man kann die seltenen Erden als Indikatoren geologischer Prozesse betrachten. Darauf hat zuerst W.I. WERNADSKI (1929) hingewiesen, als er sagte, daß die Zusammensetzung der seltene Erden führenden Mineralien der Pegmatite den Zusammensetzungen der gleichen Mineralien der Gesteine kaum identisch seien.

Die in der Literatur darüber vorhandenen Angaben sind sehr spärlich, aber von großem Interesse, da sie helfen, sich bei der Feststellung der Bildungsverhältnisse der Mineralien zurechtzufinden und den genetischen Zusammenhang zwischen den verschiedenen Gesteinen und zwischen Gesteinen und Vererzung zu ermitteln. So ist z. B. das Verhältnis der seltenen Elemente in der Cergruppe zueinander im Apatit aus basischen Gesteinen (Ce > Nd > La > Pr) anders als im Apatit aus Nephelinsyeniten (Ce > La > Nd > Pr). Im Apatit aus einem Gabbro herrscht Yttrium stark gegenüber Lanthan vor (5000 g/t Y und 1000 g/t La), während im Apatit aus einem Granodiorit Lanthan gegenüber Yttrium vorherrscht (500—700 g/t Y, 2000—3000 g/t La) (NOCKOLDS & MITCHELL 1952).

Es wurde festgestellt, daß das Verhältnis der seltenen Erden zueinander im Monazit aus Pegmatiten verschiedener Gebiete unterschiedlich ist. In manchen Monaziten (Ukraine, Jakutien, Korea) ist das Verhältnis der seltenen Erden wie in den Graniten (Ce > La > Nd > Pr > Sm > Gd) (s. Lit. „Berichte" 1955), in anderen wiederum (Brasilien u. a.) ist eine Abnahme des Gehaltes von Lanthan und Cer und eine merkliche Anreicherung mit Samarium und anderen seltenen Erden mit großem Atomgewicht zu beobachten. Die Monazite von hydrothermal veränderten Pegmatiten, von Karbonat- und Quarzgängen haben einen sehr hohen Cer- und Lanthangehalt und einen sehr geringen Samariumgehalt.

Interesse verdienen die Angaben, welche über die Zusammensetzung der seltenen Erden in den Mineralien von Lagerstätten mineralischer Rohstoffe vorliegen (HABERLANDT 1952). In einem zusammen mit Bleiglanz und Zinkblende auftretenden Flußspat (England) wurden bis $4 \cdot 10^{-4}$ g Eu pro 1 g des Minerals festgestellt, während in einem in Paragenese mit Rauchquarz vorliegenden Flußspat (Schweiz) etwa 10^{-4} g Ytterbium bestimmt wurden. Im Scheelit aus sauren Granitpegmatiten und granitischen Restlösungen findet man die Elemente der Yttriumgruppe Terbium, Dysprosium und Erbium, während im Scheelit aus Lagerstätten in basischen Gesteinen Europium und Samarium auftreten.

Das Studium der Wechselverhältnisse der seltenen Erden in den Gang- und Erzmineralien der Lagerstätten mineralischer Rohstoffe ist für die Erkennung der Bildungsverhältnisse der Lagerstätten von großem Interesse. Die Mikroparagenesen dieser Elemente dienen als Diagnostizierungsmerkmale, die für die Bildungsverhältnisse der Mineralien sehr charakteristisch sind; diese Merkmale können auch bei den Such- und Erkundungsarbeiten in weitem Maße ausgewertet werden.

Die Hauptquelle der seltenen Erden, das Mineral Monazit — (Ce, La, Y, Th)PO_4, mit 52—72% (Ce, La)$_2O_3$, 1,15—5,08% Y_2O_3 und 6—12% ThO_2 wird aus den Strandseifen Indiens, Brasiliens, Ceylons, Australiens u. a. gewonnen, ferner aus alluvialen (fluviatilen) Seifen in den USA (Idaho, Nord- und Südkarolina), in Malaya und Indonesien, schließlich zu einem Teil auch aus primären Lagerstätten. Die größten Monazitlagerstätten außerhalb der Sowjetunion befinden sich in Indien (besonders in Travancore). Die Sande dieser Lagerstätten enthalten 3—10% Monazit. Die Gesamtvorräte an Monazit werden auf über 1 Mio t geschätzt. Den zweiten Platz nimmt Brasilien ein (Staat Bahia, Espiritos Santos, Rio de Janeiro). Von den großen primären Monazitlagerstätten ist die Lagerstätte im Gebiet von Reinsdorp (Kapprovinz, Südafrikanische Union) hervorzuheben. Sie besteht aus Quarz-Monazit-Gängen.

Die Hauptlieferanten des Monazits waren Indien und Brasilien. So wurden z. B. im Zeitraum von 1893—1945 130000 t Monazitkonzentrate gewonnen, davon betrug der Export aus Brasilien 70000 t, aus Indien 52000 t.

Augenblicklich nehmen die USA den ersten Platz in der Monazitgewinnung ein. Hier dient neben dem Monazit auch der Bastnäsit, das Fluorkarbonat der Cergruppe (Ce, La) $(CO_3)F$ (TWENHOFEL & BUCK 1956), als Rohstoffquelle. In seiner Zusammensetzung sind 74—77% (Ce, La)$_2O_3$ enthalten. Die im Abbau befindlichen Bastnäsitlagerstätten der USA liegen in Mountain-Paß (Staat Kalifornien) und im Gebiet von Hallinas (Staat Neu-Mexiko).

Im Staat Kalifornien liegen die Lagerstätten seltener Erden (Bastnäsit) zusammen mit den Lagerstätten von Barium (Baryt) und Thorium (Monazit, Thorit und Thorogummit) in einer 10 km langen Zone in präkambrischen Karbonatgesteinen; sie hängen genetisch mit kaliumreichen Eruptivgesteinen zusammen. Im Staat Neu-Mexiko kommt der Bastnäsit in Fluoritlagerstätten gemeinsam mit Baryt und Goethit vor. Die Fluorit-Bastnäsit-Lagerstätten entstanden aus hydrothermalen, mit der Intrusionstätigkeit zusammenhängenden Lösungen. Abbauwürdige Bastnäsitlagerstätten sind auch in Belgisch-Kongo bekannt. Welche Mineralien im Ausland zum gegenwärtigen Zeitpunkt die Hauptrohstoffquelle zur Gewinnung von seltenen Erden der Yttriumgruppe sind, ist nicht bekannt, in der Literatur gibt es darüber keine zuverlässigen Angaben.

Die Preise für Monazitsande bewegen sich in den USA zwischen 40 und 150 Cent pro kg. Im März 1955 kostete 1 kg metallisches Cer 40 Dollar, 1 kg La_2O_3 22 Dollar.

Wir sehen, daß ungeachtet der auf dem Gebiet der Geochemie der seltenen Erden durchgeführten großen Arbeiten noch vieles unklar geblieben ist. Zukünftig müssen die Arbeiten in folgenden Richtungen fortgesetzt werden:

In den Mineralien und Gesteinen müssen der Gesamtgehalt der seltenen Erden und die Mengenverhältnisse der einzelnen Elemente bestimmt werden. Das ist auch für ihre industrielle Nutzung wichtig.

Die Migrations- und Konzentrationsverhältnisse der seltenen Erden in den verschiedenen Etappen der Mineralbildung (magmatische, pegmatitische, hydrothermale, sedimentäre u. a.) müssen studiert werden; ferner die Bedingungen, welche die Bildung abbauwürdiger Lagerstätten seltener Erden begünstigen.

Das Problem der seltenen Erden als Indikatoren geologischer Vorgänge muß gelöst werden. Zu diesem Zweck müssen die Mengenverhältnisse der seltenen Erden in Mineralien verschiedener Genese und verschiedenen Alters eingehend untersucht werden. Zu beachten sind nicht nur die Mineralien der seltenen Erden, sondern auch solche Mineralien, die geringe und sehr geringe Mengen an seltenen Erden enthalten. Erhebliche Bedeutung hat auch die Feststellung der Mikroparagenesen der seltenen Erden in den Mineralien von Lagerstätten mineralischer Rohstoffe. Die Durchführung der erwähnten Untersuchungen wird dazu beitragen, den genetischen Zusammenhang zwischen den verschiedenen Gesteinen aufzufinden, die bei der Tätigkeit eines bestimmten magmatischen Herdes oder sedimentär entstanden sind. Außerdem wird es dann möglich sein, die Vererzung mit seltenen Erden eines bestimmten Typs oder eine andere Vererzung mit bestimmten magmatischen oder sedimentären Gesteinen in Zusammenhang zu bringen.

Zusammenfassung

Der Verfasser beschreibt die seltenen Erden vor allem geochemisch sowie mineralogisch und macht Angaben über ihre Lagerstätten und Gewinnung. Das Studium der wechselseitigen Verhältnisse der seltenen Erden in den Gang- und Erzmineralien der Lagerstätten mineralischer Rohstoffe ist für die Erkennung der Genese von Bedeutung. Die Mikroparagenesen der seltenen Erden können als Diagnostizierungsmerkmale, die für die Bildungsverhältnisse der Mineralien sehr charakteristisch sind, ausgewertet werden. Daher wird gefordert, die Forschungsarbeiten über die seltenen Erden als Indikatoren geochemischer Vorgänge zu vertiefen.

Резюме

Автор описывает редкоземельные элементы, прежде всего в геохимическом, а также в минералогическом отношениях и дает сведения о их месторождениях и добыче. Изучение взаимоотношений редкоземельных элементов в жильных и рудных минералах месторождений полезных ископаемых имеет значение для выяснения генезиса. Микропарагенезисы редкоземельных элементов могут быть использованы в качестве признаков диагностики, весьма характерных для условий минералообразования. Поэтому требуется продолжать исследовательские работы по редкоземельным элементам как индикаторам геохимических процессов.

Summary

The author gives an especially geochemical and mineralogical description of the rare earthes and gives informations on their deposits and output. The study of the reciprocal relations of the rare earthes in the gangue and ore minerals of the deposits of mineralogical raw materials is important with regard to the recognition of the genesis. The micrcgenesis of the rare earthes may be evaluated as characteristics for the diagnoses, which are very typical for the conditions of the formation of the minerals. Therefore it is required to intensify the research of the rare earthes as indicators of geochemical processes.

Literatur

BORNEMAN-STARYNKEWITSCH, I. D., S. A. BOROWIK & I. B. BOROWSKI: Die seltenen Erden in Pflanzen und Böden. – Berichte (Doklady) der Akademie der Wissenschaften der UdSSR, Bd. XXX., 1941, Nr. 3.

BOROWSKI, I. B.: Die seltenen Erden in den Mineralien. – Berichte (Doklady) der Akademie der Wissenschaften der UdSSR, Bd. XIX, 1945, Nr. 5.

FERSMAN, A. E.: „Geochemie", Bd. 4, Goschimtechisdat, 1939. – Geochemische und mineralogische Methoden zum Aufsuchen mineralischer Rohstoffe. – Verlag der Akademie der Wissenschaften der UdSSR, 1939.

GOLDSCHMIDT, V. M.: Prinzipien der Verteilung der chemischen Elemente in Mineralien und Gesteinen. – Sammelband von Aufsätzen zur Geochemie der seltenen Elemente. GONTI des Volkskommissariats für Schwerindustrie der UdSSR, 1938.

– Geochemische Verteilungsgesetze und die Häufigkeit der Elemente im Kosmos. – Sammelband „Grundideen der Geochemie", Bd. 1, Goschimtechisdat, 1933.

– „Geochemistry." – Oxford, 1954.

GOLDSCHMIDT, V. M. & K. PETERS: Zur Akkumulation von seltenen Elementen in Steinkohlen. – Aufsätze zur Geochemie der seltenen Elemente, GONTI des Volkskommissariats für Schwerindustrie der UdSSR, 1938.

GOLDSCHMIDT, V. M. & L. TOMASSEN: Röntgenspektrographische Untersuchungen über die Verteilung der seltenen Erden in den Mineralien. – Sammelband „Grundideen der Geochemie", Bd. 1, Goschimtechisdat, 1933.

HABERLANDT, CH.: Die seltenen Elemente in Eruptivgesteinen und Mineralien. – Verlag für ausländische Literatur, 1952.

KOMISSAROWA, L. N. & W. JE. PLJUSCHTSCHEW: Der gegenwärtige Stand des Verbrauchs an Metallen der seltenen Erden und ihrer Verbindungen. – Sammelband „Die Metalle der seltenen Erden", Verlag für ausländische Literatur, 1957.

NOCKOLDS, S. R. & R. L. MITCHELL: Sammelband „Die seltenen Elemente in Eruptivgesteinen und Mineralien". – Verlag für ausländische Literatur, 1952.

OSTROUMOW, E. A.: Die seltenen Erden in den Tiefwasserablagerungen des Schwarzen Meeres. – Berichte (Doklady) der Akademie der Wissenschaften der UdSSR, Bd. XCI, 1953, Nr. 5.

SEMJONOW, JE. I. & R. L. BARINSKI: Die spezifischen Züge der Zusammensetzung der seltenen Erden in den Mineralien. – „Geochemie" Nr. 4, 1958.

TWENHOFEL, W. S. & K. L. BUCK: Geologie der Thoriumlagerstätten in den USA. – Geologie der Rohstoffe für die Atomenergie, Gosgeoltechisdat, 1956.

WERNADSKI, W. I.: Über die Elemente der seltenen Erden in den massigen Gesteinen. – Berichte (Doklady) der Akademie der Wissenschaften der UdSSR, Nr. 2, 1929.

WINOGRADOW, A. P.: Geochemie der seltenen und dispersen chemischen Elemente in den Böden. – Verlag der Akademie der Wissenschaften der UdSSR, 1957.

– Die chemische Elementarzusammensetzung der Meeresorganismen. – Arbeiten des Biogeochemischen Laboratoriums der Akademie der Wissenschaften der UdSSR, Bd. VI, 1944.

– Die Gesetzmäßigkeiten der Verbreitung der chemischen Elemente in der Erdkruste. – Geochemie, Nr. 1, 1956.

„Berichte (Doklady) der Akademie der Wissenschaften der UdSSR" Bd. 104, 1955, Nr. 2, S. 268–271.

Organisation der Erkundungsarbeiten auf Erdöl und Erdgas in der UdSSR[1]

I. P. SUBOW, P. N. JENIKEJEW & O. P. GRAZIANOWA, Moskau

In den letzten zehn Jahren wurde in der Baschkirischen und der Tatarischen ASSR, in den Gebieten von Kuibyschew und Orenburg, in den Regionen von Krasnodar und Stawropol, in der Aserbaidshanischen und der Ukrainischen SSR sowie in anderen Teilen der UdSSR eine Anzahl neuer, außerordentlich großer Öl- und Gaslagerstätten entdeckt.

In Verbindung damit hat sich die geographische Verteilung der Öl- und Gasindustrie in der UdSSR etwas verbessert; ihre größten Kapazitäten verlagerten sich aus dem Süden in die Zentralgebiete des Landes, an die Stellen, welche den größten Verbrauch an Öl und Gas zu verzeichnen haben.

Im Jahre 1958 erhöhte sich die Erdölförderung in der Sowjetunion im Vergleich zu 1913 auf das 11,5fache und betrug 113 Millionen Tonnen; die Gasgewinnung erreichte 14 Milliarden Kubikmeter. Die industriellen Vorräte an Öl und Gas haben sich rasch erhöht.

Vor den in der Erdölgewinnung Beschäftigten der Sowjetunion steht heute die Aufgabe, in den nächsten fünfzehn Jahren die jährliche Ölförderung auf 350 bis 400 Millionen Tonnen und die Gasförderung auf 270 bis 320 Milliarden Kubikmeter zu steigern. Dementsprechend müssen auch die industriellen Vorräte an Öl und Gas erhöht werden.

Für das Aufsuchen und Erkunden von Öl- und Gaslagerstätten werden in der UdSSR jährlich erhebliche Mittel bereitgestellt. Diese Mittel betragen etwa 40% der Aufwendungen für geologische Erkundungsarbeiten auf alle mineralischen Rohstoffe[2]). Etwa 30% der für die Erdölerkundung aufgewandten Mittel werden für geologische Forschungen im Rahmen der Sucharbeiten (einschließlich regionaler Arbeiten), für Sucharbeiten und für die Vorbereitung neuer Felder (durch Erkundungsbohren) verausgabt.

Große Bedeutung bei der Erhöhung der Effektivität der geologischen Sucharbeiten im bevorstehenden Siebenjahrplan besitzen die Regionaluntersuchungen, zu deren Aufgabe es gehört, die Perspektiven bestimmter Rayons im Hinblick auf die Öl- und Gasführung zu klären und die Richtung der weiteren Sucharbeiten auf Erdöl festzulegen.

Die regionalen Arbeiten umfassen wissenschaftliche Untersuchungen zur Stratigraphie, Lithologie, Fazies

[1]) „Erdöl- und Erdgasgeologie" (russ.), Nr. 8, 1959, S. 1–7. Aus „Geologija nefti i gasa", H. 8, 1959, S. 1–7, Übers.: W. OESTREICH.

[2]) Im bevorstehenden Siebenjahrplan werden die Gesamtaufwendungen für die geologischen Erkundungsarbeiten auf Erdöl und Erdgas auf 50% erhöht.

der Sedimentgesteine, Paläogeographie, Tektonik, Geochemie und Hydrogeologie eines Rayons. Bei der Begründung der Aussichten für die Öl- und Gasführung ist besonders in überdeckten Gebieten den Basisbohrungen und den profilmäßig angesetzten Strukturbohrungen eine bedeutende Rolle zugewiesen, ferner den regionalen geologischen und geophysikalischen Untersuchungen.

Außer den aeromagnetischen und geologischen Trupps, die Aufnahmearbeiten im Maßstab 1 : 200000 und kleiner durchführen, sind gegenwärtig etwa 20 aeromagnetische Trupps mit regionalen Arbeiten in der UdSSR beschäftigt, die etwa 3,5 Millionen km² pro Jahr im Maßstab 1 : 20000 vermessen, ferner 160 gravimetrische Abteilungen, die Aufnahmen nach dem 2-Milligal- und 5-Milligal-Netz durchführen (darunter auch im Maßstab 1 : 200000 auf einer Fläche von rd. 600000 km²). In Gebieten, die von einer mächtigen Decke junger, wenig dislozierter Sedimente überdeckt sind, gehören auch elektrische Erkundungsarbeiten, seismische Erkundungsarbeiten, geomorphologische Beobachtungen und die Bestimmung der im Wasser gelösten Gase zum Komplex der Untersuchungen.

In der letzten Zeit wurde die Methode der seismischen Tiefensondierung entwickelt; diese Methode wird im Verein mit flächenhaften regionalen geophysikalischen Untersuchungen für die geotektonische Rayonierung der zu untersuchenden Felder angewandt.

Die unter Anwendung der seismischen Tiefensondierung im Ural-Wolga-Erdölgebiet durchgeführten Arbeiten, wobei Profile mit einer Gesamtlänge von 850 lfd. km geschossen wurden, gestatten die Festlegung des Vorsprunges des Sockels im Südosten der Russischen Tafel und die genauere Erfassung der Nordgrenze der Kaspischen Senke. Ähnliche Untersuchungen werden auf dem Kaspischen Meer und dem Ochotskischen Meer durchgeführt, und in Mittelasien (Turkmenien und Usbekistan) wurde damit begonnen. In Turkmenien erhielt man, vorwiegend nach den Unterlagen, welche die Gravimetrie, die Seismik und das Profilbohren geliefert hatten, eine allgemeine Vorstellung von der Tiefentektonik; es wurde ein Strukturschema erarbeitet, welches das Relief des Sockels des Tafelteiles im Untersuchungsgebiet charakterisiert.

Um die Mächtigkeit der sedimentären Folgen beurteilen zu können, zieht man auch öfter Berechnungen der Lagerungsteufe von Störmassen heran, welche Anomalien des Feldvektors des Magnetfeldes hervorrufen; diese Störmassen hängen mit basischen und ultrabasischen Gesteinen im Sockel der Tafeln und in den intramontanen Trögen zusammen. In der letzten Zeit begann man in der Sowjetunion damit, elektrische Erkundungsarbeiten nach den Verfahren der Dipolsondierungen und der tellurischen Ströme durchzuführen. Außerdem werden neue Modifikationen der elektrischen Erkundung entwickelt, um die Lagerungstiefe und das Relief des dislozierten Untergrundes in großen Tafelgebieten bestimmen zu können.

Die regionalen Arbeiten geben daher die Möglichkeit, die Mächtigkeit der Sedimente, das Verbreitungsgebiet von Sedimenten mit erheblicher Mächtigkeit und die Abmessungen der von ihnen ausgefüllten Senken zu beurteilen; sie geben ferner einen Überblick über die Hauptzüge des Tiefenbaus der untersuchten Territorien.

Im Komplex der regionalen Untersuchungen besitzen die Basisbohrungen eine besondere Bedeutung. Sie ergänzen die Ergebnisse der geologischen und geophysikalischen Aufnahmen und gestatten es, die Vorstellungen über das Profil, die geochemischen Verhältnisse, die während der Sedimentation herrschten, die Verteilung der verschiedenen Fazies und die tektonischen Formen erster Ordnung genauer zu fassen.

Insgesamt wurden auf dem Territorium der Sowjetunion 179 Basisbohrungen mit ca. 380000 lfd. m niedergebracht, darunter auf dem Territorium der Russischen Tafel 84, im Kaukasus und in Transkaukasien 28, in der Kaspischen Senke 7, in Mittelasien 9, in Sibirien 42 und in den übrigen Gebieten 9.

Die Ergebnisse der Basisbohrungen und der Erkundungsbohrungen änderten in vielen Gebieten, z. B. in den Zentralgebieten der Russischen Tafel, die bisherigen Vorstellungen über die Verhältnisse in größerer Tiefe recht wesentlich. Nach den Ergebnissen der Basisbohrungen wurde eine Karte der Oberfläche des kristallinen Untergrundes der zentralen Rayons der Russischen Tafel zusammengestellt; Vorsprünge des Sockels wurden festgestellt und die Beziehungen dieser Vorsprünge zu den Strukturen des Paläozoikums ermittelt; die Faziesentwicklung der paläozoischen Gesteine wurde bestimmt, darunter auch die der altpaläozoischen (vordevonischen) Gesteine. Diese Faziesentwicklung war vorher nicht bekannt.

Die auf die regionalen Untersuchungen folgenden Arbeiten verfolgen das Ziel, höffige Strukturen aufzusuchen und für die Erkundungsbohrungen vorzubereiten. Dafür werden nicht weniger als 70% der Gesamtaufwendungen für geologische Sucharbeiten verausgabt, darunter 30% für Struktursuchbohrungen und 32% für die seismische Erkundung. Gegenwärtig gibt es in der UdSSR 400 Seismiktrupps, die Sucharbeiten und Feinarbeiten ausführen. Außerdem sind bei diesen Arbeiten etwa 60 Abteilungen für die elektrische Erkundung und 30 Abteilungen für die gravimetrische Erkundung beteiligt, ferner 100 geologische Trupps (außer der Staatlichen Geologischen Aufnahme), welche die Aufnahme im Maßstab 1 : 10000 bis 1 : 100000 durchführen. Die geologischen Aufnahmen in Gebieten mit bis 100 m Quartärbedeckung erfolgen unter Verwendung von Kartierungsbohrungen, deren Umfang jährlich 500000 m ausmacht.

Kombination und Reihenfolge der Methoden hängen von der konkreten geologischen Situation ab.

So bilden in Tafelgebieten die Ergebnisse der geologischen Strukturuntersuchungen, welche das Auftreten für die Erkundung günstiger Strukturen feststellen, die Grundlage. Zur Untersuchung der Strukturen von tieferen Horizonten werden Strukturbohrungen angesetzt, obgleich bei Nichtentsprechung der Strukturformen diese Methode zum Nachweis tief eingebetteter Strukturen nicht immer ausreichend ist. In diesen Fällen setzt man zum Aufsuchen von Strukturen die Reflexionsseismik ein, die seit den letzten zwei Jahren beginnt, die Schwierigkeiten zu meistern, die beim Nachweis wenig geneigter Strukturen mit geringer Amplitude (bis 50 m) bei hohen Ausbreitungsgeschwindigkeiten der elastischen Schwingungen und inhomogenem Bau der oberen Teile des Profils auftreten. Bis jetzt ist jedoch in vielen Gebieten (in Karstzonen oder Gebieten mit Erosionstälern, die mit jungen Sedimenten erfüllt sind, bei kompliziertem Relief der Örtlichkeit, bei Strukturamplituden unter 30 m) die Effektivität der seismischen Erkundungsarbeiten noch ungenügend, und das Aufsuchen begrabener Strukturen erfolgt faktisch durch Tiefbohrungen.

In Gebieten junger Tafeln und in den überdeckten Gebieten von Vorgebirgssenken ist beim Aufsuchen von Strukturen die Reflexionsseismik, nach den Ergebnissen der Schwerkraftmessungen angesetzt, die führende Methode. Eine Ausnahme macht die voruralische Senke, wo zum Aufsuchen der begrabenen Riffe des Artinsk und der Antiklinalfalten lange Zeit Bohrungen verwendet wurden, deren Ansetzung sich nach den Ergebnissen der elektrischen und der gravimetrischen Erkundung richtete.

Beim Auftreten stark ausgeprägter Antiklinalfalten mit großer Amplitude bei ausgeglichenem Relief und in Salzstockgebieten benutzt man zum Aufsuchen der Strukturen die gravimetrische Vermessung mit Erfolg.

In Vorgebirgssenken, wo die Aufschlußverhältnisse für die Durchführung geologischer Aufnahmen ausreichen, eine umfassende Anwendung geophysikalischer Verfahren wegen des komplizierten Reliefs aber erschwert ist, werden die Strukturbohrungen hauptsächlich nach den Ergebnissen der geologischen Aufnahmen angesetzt.

Die Effektivität der Erkundungsbohrungen auf den mit diesen Verfahren nachgewiesenen Strukturen hängt von dem Grad ab, in dem diese Strukturen vorbereitet worden sind.

Bei der Vorbereitung von Strukturen für das Erkundungsbohren wird in der Regel eine reflexionsseismische Vermessung durchgeführt, die erforderlichenfalls durch eine vergleichende refraktionsseismische Vermessung vervollständigt wird. In der letzten Zeit lieferte die Methode des regulierbaren gerichteten Empfangs bei der Untersuchung von Scheiteln gestörter und kompliziert gebauter Antiklinalstrukturen positive Ergebnisse. Wegen der nicht in genügender Anzahl zur Verfügung stehenden Apparaturen hat diese Methode jedoch noch nicht die ihr gebührende Entwicklung erfahren.

In manchen Fällen werden seismische Erkundung und Strukturbohrungen kombiniert, um die Lage der Faltenachsen in den oberen Horizonten und disjunktive Störungen genauer zu erfassen und gehobene Blöcke nachzuweisen.

Wie effektiv die Vorbereitung der Strukturen durch die Seismik ist, kann durch folgende Zahlen belegt werden: Von der Gesamtzahl der im fünften Fünfjahrplan durch die Seismik für die Erkundungsbohrtätigkeit vorbereiteten Strukturen wurden 65% der Strukturen in die industrielle Erkundung übergeführt, davon waren 43% der Strukturen öl- oder gasführend. Die durch die seismische Erkundung erhaltenen Angaben über das Vorliegen einer selbständigen Struktur wurden auf 10% der gesamten Felder nicht bestätigt. Diese Zahlen werden noch präzisiert werden müssen, da noch nicht auf allen Feldern die Erkundung abgeschlossen, auf einigen noch nicht begonnen ist, und eine Reihe von Strukturen wird erst in den nächsten Jahren abgebohrt. 1957 wurden 90 Strukturen durch die Seismik vorbereitet, diese Zahl ist jedoch nicht ausreichend; nur für 40—45% aller Strukturen, die dann durch Tiefbohrungen erkundet werden, liegt eine seismische Begründung vor. Auf 1000 m Erkundungsbohrungen entfallen insgesamt 24 km seismische Profile (einschließlich der rekognoszierenden und der Sucharbeiten). Infolgedessen wird für die eingehenden Arbeiten ein großer Umfang an Strukturbohrungen eingesetzt.

Der Bohrmeteraufwand der Strukturbohrungen erreichte bis jetzt 3,5 Millionen Meter und machte in den letzten Jahren in der Sowjetunion etwa 80% der Meterzahl des Erkundungsbohrens aus. Ein erheblicher Teil des Volumens der Strukturbohrungen wird zur Vorbereitung der Strukturen für die industrielle Erkundung verbraucht. Gewöhnlich wird im Verlauf eines Jahres die Untersuchung von etwa 150 Feldern durch Strukturbohrungen abgeschlossen, von denen für 70—80 die Empfehlung gegeben wird, die weitere Erkundung durch Tiefbohrungen durchzuführen. In der letzten Zeit war die Tendenz zu verzeichnen, die Teufe der Struktursuchbohrungen zu erhöhen, der Mangel an Geräten ist aber maßgebend dafür, daß Suchbohrungen über 1200 m Teufe nur beschränkt möglich sind.

Neben der Untersuchung des geologischen Baues und dem Nachweis von Öl- und Gasanzeichen führen die Strukturbohrungstrupps noch nebenbei Sucharbeiten auf andere mineralische Rohstoffe durch.

Jährlich werden etwa 100 Felder in das Stadium des Erkundungsbohrens übergeführt, und in Erkundung befinden sich gleichzeitig über 400 Strukturen. Dies ermöglicht, pro Jahr 70—90 Lagerstätten und neue Lager von Öl und Gas auf alten Feldern zu entdecken und für die Gewinnung 25—30 neue Lagerstätten und Lager vorzubereiten. Auf die Erkundungsbohrungen entfallen jetzt 4,4 Millionen Meter, gleichzeitig nimmt die Zahl der Bohrungen mit mittleren Teufen zu.

Die Kosten des Erkundungsbohrens bewegen sich in weiten Grenzen; im Durchschnitt kostet 1 lfd. Meter 1000 Rubel.

Wegen der erheblichen Kosten der Erkundungsbohrungen ist es für eine Herabsetzung der Aufwendungen für die Vorbereitung einer Tonne Vorräte erforderlich, daß man mit der geringsten Zahl an Bohrungen erschöpfende Angaben zur Beurteilung eines Feldes erhält. Daher werden in vielschichtigen Lagerstätten alle Bohrungen bis zum unteren produktiven Horizont projektiert, und in den ersten Bohrungen werden nach Möglichkeit alle öl- und gasführenden Schichten getestet.

Beim Erkundungsbohren erfolgt die Untersuchung des geologischen Tiefenbaus eines Feldes durch Kernentnahme und Karottageuntersuchungen; man kann dadurch die Profile stratigraphisch einordnen, die Speichereigenschaften der Schichten bestimmen und die Strukturschemata genauer fassen.

Vom Gesamtvolumen des Erkundungsbohrens in der UdSSR betragen die Kernstrecken durchschnittlich 5—10%. In den ersten Bohrungen eines neuen Feldes wird ein Kern von einzelnen Intervallen des gesamten Profils genommen (außer in dem durch Strukturbohrungen untersuchten Teil); diese Intervalle machen im ganzen 20—25% der Teufe der Bohrung aus. Die Karottage geht über das ganze Profil im Maßstab 1:500; in den produktiven Folgen wird die BKS im Maßstab 1:200 ausgeführt. In vielen Rayons werden die Angaben der Elektrokarottage durch die Gamma-Karottage und die Neutronen-Gamma-Karottage ergänzt. In der letzten Zeit wurde die Methodik der Mikrokarottage zum Einsatz gebracht, welche gestattet, die Gliederung des Profils bei häufigem Wechsel sandiger und toniger Lagen zu präzisieren. In neuen Rayons werden auf den meisten Erkundungsbohrungen auch

Gaskarottageuntersuchungen durchgeführt, die für den Nachweis ölführender Schichten in einem karbonatischen Profil großen Nutzen bringen. Ungeachtet aller Anstrengungen ist jedoch das Problem der Erkundung (des Aushaltens) von Speichergesteinen in Karbonaten bis jetzt noch nicht zufriedenstellend gelöst.

Der Wirkungsgrad des Erkundungsbohrens, berechnet nach der Zahl der Bohrungen, die dann Öl oder Gas lieferten, ist in den letzten Jahren etwa 50%. Man muß aber berücksichtigen, daß hierzu auch die Umgrenzungsbohrungen (Verdichtungsbohrungen) gehören. Die Effektivität, gemessen am Zuwachs der Erdöl- und Erdgasvorräte (in Umrechnung auf die Brennstoffeinheit), pro m Erkundungsbohrung bewegt sich in den verschiedenen Rayons in weiten Grenzen.

Am höchsten ist die industrielle Effektivität des Erkundungsbohrens im Wolga-Ural-Erdölgebiet und in den westlichen Rayons des Nordkaukasus; eine geringe Effektivität ist in Kasachstan, Sibirien und einigen Rayons des Europäischen Teils der UdSSR zu verzeichnen (im Uchta-Petschora-Gebiet, in Belorußland u. a.).

Die Aufgabe der geologischen Such- und Erkundungsarbeiten auf Erdöl und Erdgas in den nächsten fünfzehn Jahren besteht darin, dem Land solche industriellen Vorräte an Erdöl und -gas zur Verfügung zu stellen, die nicht nur die im Volkswirtschaftsplan vorgesehene jährliche Steigerung der Öl- und Gasgewinnung restlos gewährleisten, sondern die auch ein weiteres erhebliches Anwachsen der Erdöl- und Erdgasgewinnung in der UdSSR ermöglichen.

Für die Voraussetzung dieser grandiosen Aufgabe bedarf es eines langfristigen, maximal rationellen Planes für die Durchführung der Arbeiten und in erster Linie einer geologischen Begründung dieses Planes, nämlich einer wissenschaftlich begründeten Prognose der Erdöl- und Erdgasführung der UdSSR.

Der Zweck der Prognose der Erdöl- und Erdgasführung ist nicht nur eine qualitative, sondern auch eine einigermaßen genau bestimmte quantitative Beurteilung der Aussichten der Erdöl- und Erdgasführung der UdSSR, da nur in diesem Fall mit aller Vollständigkeit die rationellsten Richtungen, die aussichtsreichsten Objektive und die in Zahlen ausgeführten zu erwartenden Ergebnisse der geologischen Such- und Erkundungsarbeiten bestimmt werden können.

Da es erforderlich ist, die Perspektivität von in der Hauptsache neuen, wenig oder gar nicht erkundeten, manchmal auch geologisch noch nicht untersuchten Gebieten zahlenmäßig auszudrücken, wurde das in der UdSSR geltende System der Bilanzierung von Erdöl- und Erdgasvorräten durch eine neue Vorratskategorie — die Kategorie der prognostischen Vorräte — ergänzt.

Diese Vorratskategorie drückt wie die Kategorie C_2 die möglichen Öl- und Gasvorräte aus, die beim jetzigen Stand der Bohr- und Fördertechnik gewonnen werden können, aber im Gegensatz zur Kategorie C_2 bezieht sie sich auch auf perspektivische Territorien, deren industrielle Erdöl- und Erdgasführung noch nicht nachgewiesen ist.

Die Kategorie der prognostischen Vorräte, einschließlich der Kategorie C_2, ist daher umfassender als letztere, da sie sich auf alle höffigen Gebiete bezieht. Als Begründung für die Berechnung von Vorräten in der Kategorie C_2 in einer gegebenen Provinz dient die nachgewiesene industrielle Erdöl- und Erdgasführung, und sei sie auch nur in einem Rayon dieser Provinz nachgewiesen. Die prognostischen Vorräte gründen sich auf die Gesamtheit der Angaben, die über Geologie und Erdöl- und Erdgasführung eines Rayons vorliegen (Vorhandensein von erdölproduzierenden Folgen, Speichergesteinen und verschiedenen Fallen für die Akkumulation von Erdöl).

Zusammen mit der Berechnung der prognostischen Vorräte wurden in der UdSSR eine geologische und eine technisch-ökonomische Analyse vorgenommen und der Umfang der Arbeiten berechnet, der erforderlich ist, um die prognostischen Vorräte in die industriellen Kategorien überzuführen.

Für die nächsten Jahre wurden die im folgenden angeführten zwei Hauptrichtungen der geologischen Such- und Erkundungsarbeiten auf Erdöl und Erdgas in der UdSSR festgelegt: Die erste Richtung hat die Aufgabe, große industriell öl- und gasführende Territorien in neuen, noch nicht erkundeten, aber in hohem Maße höffigen Gebieten der UdSSR aufzufinden. Dazu gehören: die nördlichen, nordwestlichen und südlichen Rayons des Wolga-Ural-Gebietes, die Kaspische Niederung, Ust-Urt, Mangyschlak, die Buchara-Chiwin-Niederung, die Wüste Karakum, der Rayon Murgab, die zentralen und nördlichen Rayons der Westsibirischen Tiefebene, Rayons in Jakutien, das Gebiet um Irkutsk u. a.

Es ist vorgesehen, in diesen Territorien umfassende regionale Untersuchungen anzustellen. Sie umfassen thematische wissenschaftliche Forschungsarbeiten, geophysikalische Untersuchungen (Magnetik, Gravimetrie, Seismik, Elektrik — Messung der tellurischen Ströme — u. a.), ferner das Niederbringen von tiefen Basisbohrungen. Das gesamte, verallgemeinerte Material dieser Arbeiten liefert dann die wissenschaftlichen Grundlagen für die Entfaltung der geologischen Erkundungsarbeiten.

Gleichzeitig ist vorgesehen, in früher nachgewiesenen höffigen Gebieten und Rayons, die innerhalb der obenerwähnten Territorien liegen, in großem Umfang tiefe Erkundungsbohrungen anzusetzen, um öl- und gasführende Zonen und Öl- und Gaslagerstätten aufzufinden.

Es ist geplant, in den südlichen Rayons der Russischen Tafel und ferner in verschiedenen Rayons der epiherzynischen Tafel in den nächsten Jahren einen gewaltigen Zuwachs an industriellen Öl- und Gasvorräten bei gleichzeitiger bedeutender Steigerung der Förderung zu erreichen.

Eine weitere Aufgabe besteht darin, industrielle Vorräte auf der Westsibirischen und Ostsibirischen Tafel und im Fernen Osten soweit vorzubereiten, daß gegen Ende der nächsten fünfzehn Jahre in diesen Gebieten nicht nur ein erheblicher Zuwachs an industriellen Vorräten erreicht, sondern auch bereits die Organisation der Förderung von Öl und Gas gewährleistet ist.

Für die Lösung dieser Aufgaben (Entdeckung großer industriell verwertbarer Öl- und Gasgebiete) ist vorgesehen, die Mittel für die geologischen Erkundungsarbeiten in diesen Rayons zu erhöhen. Sie sollen 1965 60% des Gesamtvolumens der Aufwendungen betragen, die in der UdSSR für die Erkundung von Öl und Gas verausgabt werden.

Die zweite Richtung der geologischen Such- und Erkundungsarbeiten betrifft die industriellen Erdöl-

und Erdgasgebiete, in erster Linie das Wolga-Ural-Gebiet und den Kaukasus. Im Wolga-Ural-Gebiet besteht die Hauptaufgabe im Aufsuchen und Erkunden neuer großer Lagerstätten im Devon und Karbon. Außerdem ist hier geplant, neue Horizonte, Felder und Blöcke in bekannten Erdöllagern und Lagerstätten zu erforschen und zu Ende zu erkunden. Davon erwartet man einen erheblichen Zuwachs an Öl- und Gasvorräten.

Wichtige Aufgaben sind die Intensivierung der Arbeiten zur Bemusterung und Erkundung der Karbonatkomplexe im Profil des Paläozoikums und die Klärung der industriellen Öl- und Gasführung von stratigraphischen und lithologischen Fallen. In den vorläufigen Plänen für die Erkundungsarbeiten im Siebenjahrplan ist für die Lösung der aufgezählten Aufgaben vorgesehen, daß hier Bohrungen mit einem Anteil von 38% des Gesamtvolumens der Erkundungsbohrungen der UdSSR durchgeführt werden.

Im Nordkaukasus gingen im Ergebnis der Erkundung neuer großer Territorien bei kontinuierlichem Wachstum des Volumens der geologischen Such- und Erkundungsarbeiten in der Erdölförderindustrie bedeutsame Veränderungen vor sich. Auf großen Territorien wurde der hohe industrielle Wert des Mesozoikums und neuer Komplexe des Paläogens festgestellt.

Unter Berücksichtigung des Gesagten ergeben sich in diesen Rayons folgende Aufgaben: Erkundung des Mesozoikums, wobei das Hauptgewicht der Arbeiten auf die Tafelstrukturen im nördlichen Kaukasusvorland zu legen ist; Intensivierung der mit der Untersuchung der karbonatischen Speichergesteine zusammenhängenden Arbeiten und Beschleunigung der Erkundungsarbeiten für den Nachweis der Öl- und Gasführung dieser Speichergesteine.

Auf Feldern, aus welchen bereits gefördert wird, ist die Erforschung und eingehende Erkundung einzelner Bereiche, Blöcke und Horizonte vorgesehen. Der Siebenjahrplan der geologischen Erkundungsarbeiten sieht vor, für die Lösung dieser Aufgaben 15% der Erkundungsbohrungen, bezogen auf das Gesamtvolumen der Erkundungsbohrungen in der UdSSR, einzusetzen.

In allen übrigen industriellen öl- und gasführenden Rayons der UdSSR werden die Erkundungsarbeiten mit dem Ziel, neue Horizonte, Bereiche und Blöcke auf den in Förderung stehenden Lagerstätten aufzufinden und zu erkunden, fortgesetzt. Ferner läuft das Aufsuchen und Erkunden neuer Erdöllagerstätten aus den an die in Förderung stehenden Lagerstätten anschließenden Felder weiter. Zur Lösung dieser Aufgaben ist eine Erkundungsbohrtätigkeit mit einem Volumen von 12% des Gesamtvolumens der Erkundungsbohrungen der UdSSR geplant.

Insgesamt ist in der UdSSR in den nächsten sieben Jahren eine Steigerung der Erkundungsbohrtätigkeit um das dreifache und eine entsprechende Erhöhung der Volumina der geologischen Erkundungsarbeiten vorgesehen.

Zur Erhöhung der Effektivität der Erkundungstiefbohrungen ist eine Erhöhung der mittleren Teufen der Struktursuchbohrungen und eine Erhöhung des Umfangs der geophysikalischen Arbeiten, hauptsächlich der seismischen, vorgesehen. Die Anzahl der im Einsatz befindlichen Seismik-Erkundungsabteilungen soll bis 1965 auf 1200 erhöht werden, die für die Struktursuchbohrungen veranschlagten Meter sollen bis dahin 6 Millionen Meter betragen.

In den nächsten Jahren muß auch entschieden werden, wie der Komplex der geologischen Sucharbeiten in verschiedenen Rayons zu verändern ist. Z. B. muß schon im Zentralteil der Dnepr-Donez-Senke, in dem die Strukturpläne des oberen und des unteren Stockwerks einander nicht entsprechen, die Seismik aber hinreichend detailliert die Strukturen nach den Schichten des Karbons bestimmt, das Strukturbohren nur in Verbindung mit der seismischen Erkundung durchgeführt werden. Eine ähnliche Diskrepanz in den Strukturplänen der unteren und der oberen Horizonte ist auch in der Westsibirischen Tiefebene zu beobachten. Die seismische Erkundung bestimmt in diesem Gebiet den Faltenbau gut mit Hilfe der unterkretazischen und jurassischen Schichten, die erdöl- und erdgashöffig sind. Es ist daher unzweckmäßig, in derartigen Rayons Mittel für Strukturbohrungen zu verausgaben, um die Felder zur Erkundung vorzubereiten. Zugleich darf man aber neben der regionalen Untersuchung der ganzen Westsibirischen Tafel durch Profilabbohren auf die Strukturbohrungen nicht verzichten. Im Zentralteil der Ferghana-Mulde kommen zuverlässige Reflexionshorizonte (Leithorizonte) in über 2000 m Teufe vor. Daher darf man auch in diesem Rayon zwecks Vorbereitung der Felder zum Erkundungsbohren in große Teufen keine Strukturbohrungen anwenden, sondern muß sie restlos durch die seismische Erkundung ersetzen, die den Faltenbau nach dem Paläogen und dem Hangenden des Mesozoikums ermitteln kann.

Eine eingehende Festlegung des Verlaufs von Störungen durch Verbindung von Strukturbohrungen geringer Teufe und geochemischen Untersuchungen kann ebenfalls die Effektivität der geologischen Such- und Erkundungsarbeiten erhöhen.

Hohe Anforderungen müssen an die geophysikalischen wissenschaftlichen Forschungsinstitute und die Produktionsorganisationen gestellt werden, die Methoden für eine detaillierte Vorbereitung von Strukturen des Tafeltyps mit einer Amplitude unter 30 m zu entwickeln. Das bezieht sich vor allem auf die Rayons des Ural-Wolga-Gebiets, in denen die Strukturpläne des Perms, Karbons und Devons nicht zusammenfallen. Für das Aufsuchen von Strukturen im Devon muß man jetzt noch teure Bohrungen bis 2000 m Teufe und mehr niederbringen.

Neben der stärkeren Beachtung, die der Bearbeitung theoretischer Fragen in den wissenschaftlichen Forschungsinstituten für geologische Erkundung gezollt werden sollte, müssen die Forschungen erheblich verbreitert werden, die sich mit der Präzisierung der geologischen Grundlage zur Berechnung der prognostischen Vorräte und der sachgemäßen Wahl der Richtung der geologischen Erkundungsarbeiten befassen.

Eine keinen Aufschub duldende Aufgabe auf dem Gebiet der Erdöl- und Erdgaserkundung besteht darin, die Bohrtechnik beim Niederbringen tiefer Struktursuch- und Erkundungsbohrungen mit geringem Durchmesser durch Einführung der Automatisierung und Mechanisierung der Produktionsprozesse zu vervollkommnen. Ferner müssen sehr exakt arbeitende geophysikalische Apparaturen geschaffen werden.

Die aufgezählten Maßnahmen werden die Möglichkeit geben, die Effektivität der geologischen Erkundungsarbeiten erheblich zu erhöhen und die Lösung der außerordentlich wichtigen Aufgaben hinsichtlich der Steigerung der Öl- und Gasvorräte zu gewährleisten.

Zusammenfassung

Die Verfasser schildern den gesamten Komplex geologischer und geophysikalischer Erkundungsarbeiten auf Erdöl und Erdgas, vor allem an Hand der Erfahrungen in den großen Erdölbecken des Ural—Wolga-Gebietes, Mittelasiens und anderer Bezirke. Dabei wird die Reihenfolge der verschiedenen Erkundungsarbeiten beschrieben und ihr prozentualer Anteil an den Gesamtarbeiten angegeben.

Durch neue geoelektrische Erkundungsverfahren wurde versucht, das Relief des dislozierten Untergrundes der großen Tafelgebiete zu erforschen. Im Komplex der regionalen Untersuchungen kommt vor allem den Basisbohrungen große Bedeutung zu.

Die Auswahl und spezielle Anwendung der verschiedenen geophysikalischen Verfahren richtet sich nach der jeweiligen Struktur der zu untersuchenden Gebiete.

Summary

Based above all the experiences in the large petroleum basins of the Ural-Volga region, Central Asia and other districts, the authors describe the whole complex of geological and geophysical exploration works involved. The description includes the succession of different exploration works carried out and the percentage they share in the works at large.

Attempts were made to use new geoelectric methods in the exploration of the relief characteristic of the dislocated subsoil of the vast tablelands. Basic boring occupy an important position in the complex of regional investigations.

The selection and special use of the different geoelectric methods depend on the specific structure of the areas to be explored.

Diagnostische Anzeichen für die Bildung von Bitumen, Erdöl und Erdgas

I. O. BROD, Moskau

Bei der Bewertung der Perspektiven der Erdöl- und Gasführung großer Territorien muß gleichzeitig mit der Umgrenzung geschlossener Senkungsgebiete der Erdrinde, die man als öl- und gasführende Becken ansehen kann, jeder Horizont ausgeschieden werden, der möglicherweise regional öl- und gasführend ist. Von diesen letzteren können weitaus nicht alle als syngenetisch öl- und gasführende Schichten betrachtet werden. Um beweisen zu können, daß sich das Erdöl aus dem Ausgangsmaterial gebildet hat, muß eine genetische Verwandtschaft zwischen diesen Stoffen und den flüssigen und gasförmigen Kohlenwasserstoffen, die die Lagerstätte bilden, festgestellt werden. Der gesetzmäßige Zusammenhang zwischen Erdöl- und Gasakkumulationen auf großen Territorien und bestimmten lithologisch-stratigraphischen Komplexen wurde schon im vorigen Jahrhundert festgestellt. Damals wurde die Vermutung ausgesprochen, daß sich Erdöl und Gas in Speichergesteinen durch den Austritt von Kohlenwasserstoffen aus dunklen tonigen Gesteinen, in denen sie sich in diffusem Zustand befinden, bilden.

Das Studium der regional ölführenden Folgen des Miozänes, wie es in den Jahren 1925—1927 von A. D. ARCHANGELSKI im Nordkaukasus durchgeführt wurde, gab die Möglichkeit, den Begriff des Erdölmuttergesteins oder der ölproduzierenden Gesteine zu formulieren. In der ersten Etappe der Untersuchung toniger Gesteine, die als Erdölmuttergesteine angesehen wurden, wurde nur die Menge des in ihnen verteilten Kohlenstoffes bestimmt. Dabei wurde vorausgesetzt, daß der organische Kohlenstoff im allgemeinen in bituminösen Stoffen enthalten ist, die aus Kohlenwasserstoffen bestehen und den Ölen, welche Lagerstätten in den Speichergesteinen desselben Schichtenpaketes bilden, verwandt sind. In Wirklichkeit stellte sich aber bald heraus, daß die organischen Stoffe, die zwischen den mineralischen Teilchen der tonigen Gesteine verstreut sind, hauptsächlich aus kohligen Verbindungen bestehen. Auf diese Weise war ein Grund zur Verneinung des genetischen Zusammenhanges zwischen dem feinverteilten organischen Material und den Erdölen aufgetaucht.

In den Jahren 1947—1950 wurde im Vorkaukasus vom Lehrstuhl für Geologie und Geochemie brennbarer Bodenschätze an der Moskauer Universität weitgehend die lumineszens-bituminologische Untersuchungsmethode angewandt, mit dem Ziel, den Bestand des in den mesozoischen und tertiären Schichten zerstreuten organischen Materials dem des Erdöls in denselben Schichtenpaketen gegenüberzustellen. Durch diese Untersuchungen wurde bewiesen, daß zwischen der Masse organischen Materials, das der Kohle verwandt ist, auch dem Öl verwandte bituminöse Stoffe enthalten sind. Die weiteren Untersuchungen haben gezeigt, daß die bituminösen Stoffe hauptsächlich aus Asphaltiten, Teeren und Ölen bestehen. Die Mengen und das gegenseitige Verhältnis der erwähnten Komponenten weichen in verschiedenen Gesteinen voneinander ab. Auf Grund des Studiums der Gesetzmäßigkeiten in der Verbreitung feinverteilter Bitumina wurde auf eine Differenzierung des bituminösen Materials in Abhängigkeit vom lithologischen Bestand des Gesteins geschlossen. Dabei scheiden sich die leichtesten Komponenten, die Öle, in die Teile der tonigen Gesteine aus, die mit Schluff- und Sandteilchen angereichert sind. Wenn im Paket toniger Gesteine, das verteilte Bitumina enthält, Speichergesteinslagen enthalten sind, so ist in letzteren die größte Menge von Komponenten enthalten, die im wesentlichen aus Kohlenwasserstoffen besteht.

Diese Schlußfolgerungen wurden durch die Untersuchungen, die im Vorkaukasus vom Allunions-Wissenschaftlichen Geologischen Erdölforschungsinstitut (WNIGRI) und von der KSKNE der Akademie der Wissenschaften der UdSSR sowie vom Erdölinstitut der Akademie der Wissenschaften der UdSSR, vom Institut für Geologie der Akademie der Wissenschaften der Aserbaidshanischen SSR, vom Allunions-Wissenschaftlichen Forschungsinstitut für geologische Erdölerkundung (WNIGNI) und von einer Reihe anderer Organisationen in verschiedenen Gebieten der UdSSR durchgeführt worden sind, bestätigt und in bedeutendem Maße weiterentwickelt nud vertieft. Es wurde festgestellt, daß alle durch Reduktionsbedingungen charakterisierten tonigen und tonig-schluffigen Gesteine, karbonatische und nichtkarbonatische, fast immer dem Erdöl verwandte Bitumina enthalten, die der Menge nach weit hinter den kohligen Stoffen stehen, welche zwischen den mineralischen Teilchen der tonigen Gesteine verstreut sind. Das Vorhandensein von bituminösen Stoffen, die dem Erdöl verwandt sind, wurde vom WNIGNI auch für die rezenten Sedimente nachgewiesen.

Bis in die letzte Zeit wurde die chemische Gemeinsamkeit der durch die Lumineszenzanalyse bestimmten bituminösen Stoffe und des Erdöls in Zweifel gezogen. Diese Frage wurde durch die Untersuchung bituminöser Stoffe, die aus den Subkapillarporen toniger Gesteine gewonnen wurden, im chemischen Laboratorium des Lehrstuhls für Geologie und Geochemie brennbarer Bodenschätze der Moskauer Staatlichen Universität positiv gelöst.

Im gegenwärtigen Moment haben viele Erdölgeologen die falsche Vorstellung, daß bewegliche Stoffe, wie Wasser und Bitumen, im Gestein entweder im freien Zustand vorhanden sind, so daß sie sich frei nach den Schwerkraftgesetzen bewegen können, oder aber im gebundenen, der absolut keine Bewegung zuläßt. Es ist bekannt, daß die freibeweglichen Stoffe in überkapillaren Hohlräumen des Gesteins enthalten sind, während die gebundenen jedes Mineralteilchen des Gesteins umgeben oder im Kristallgitter des Gesteins eingeschlossen sind. Außer diesen beiden Zuständen gibt es aber noch einen halbgebundenen oder schwachgebundenen Zustand der beweglichen Stoffe, die die Subkapillarporen füllen.

Für Wasser wurde die Bewegung im halbgebundenen Zustand bei der Verdichtung plastischer, tonig-schluffiger und mergeliger Gesteine schon längst nachgewiesen. Für bituminöse Stoffe wurde die Theorie über die molekulare Bewegung in subkapillaren Poren von uns in den Jahren 1946/47 bei derAusarbeitung einer Klassifikation der Migrationsprozesse formuliert. Damals wurde auch die Annahme ausgesprochen, daß sich die bituminösen Stoffe, die sich zusammen mit Wasser in den Subkapillarporen bewegen, erst dann in Erdöl verwandeln, wenn sie aus dem halbgebundenen Zustand in den freien übergehen. Ein solcher Übergang vollzieht sich in den Laboratorien bei der Gewinnung von Bitumen aus den Subkapillarporen durch Lösungsmittel. In der Natur geht dieser Prozeß beim Übergang der bituminösen Stoffe aus den subkapillaren in die überkapillaren Poren und Klüfte, sowohl in ein und demselben Gestein als auch beim Übergang von einem Gestein ins andere, vor sich. Auf Grund eines solchen Übergangs bildet sich Erdöl auf Schichtflächen und an Klüften in Tonen, die Bitumen in Subkapillarporen enthalten. Derselbe Prozeß geht beim Übergang der beweglichen Stoffe aus den Subkapillarporen geringpermeabler Gesteine in Speichergesteine vor sich.

Der Prozeß der molekularen Migration wird von uns als komplizierter physikalisch-chemischer Umwandlungsprozeß angesehen, der die beweglichen Stoffe bei ihrer Fortbewegung im halbgebundenen Zustand in den subkapillaren Poren sich verdichtender mergeliger, toniger und tonig-schluffiger Gesteine erfaßt. Im gesamten Verlauf der Verdichtung der Gesteine bis zu ihrer völligen Diagenese, d. h. einschließlich des Verlustes ihrer plastischen Eigenschaften, geht der Prozeß der molekularen Migration vor sich, der von physikalisch-chemischen Umwandlungen der beweglichen Stoffe in den supkapillaren Poren begleitet wird. Gerade in dieser Etappe geht die Bitumenbildung durch Zerfall organischer Stoffe, die zwischen den mineralischen Teilchen verteilt sind, vor sich.

Der Gedanke, daß die Bitumenbildung ein Prozeß ist, der den Zerfall und die allmähliche Metamorphisierung der dispersen organischen Stoffe in den tonigschluffigen Gesteinen bei deren Verdichtung begleitet, wurde von uns zum erstenmal in den Jahren 1953/55 geäußert. Des weiteren wurden die Grundzüge des Zerfallprozesses formuliert, der auf der einen Seite in der Verwandlung kohliger Teilchen auf dem Wege von Braunkohle zur Steinkohle und weiter zu Anthrazit und Graphit und auf der anderen Seite in der Ausscheidung immer neuer und neuer Portionen Bitumina besteht, die ein Gemisch von anfänglich hochmolekularen Stoffen — Asphaltenen, Teeren und schweren Ölen —, später nur verschiedene Öle und schließlich reines Methan bilden.

Zur gegenwärtigen Zeit ist der Zerfall organischer Stoffe bei der Diagenese und Metamorphisierung tonigschluffiger Gesteine durch die Untersuchungen einer ganzen Reihe von Instituten und Organisationen nachgewiesen worden. Viele Forscher haben keine Zweifel darüber gelassen, daß der Prozeß der ununterbrochenen Bitumenbildung, der den Zerfall organischen Materials begleitet, existiert.

Das angeführte Schema der Bitumenbildung gibt die Möglichkeit, einen gesetzmäßigen Zusammenhang zwischen dem Verdichtungsgrad des tonig-schluffigen Gesteins und der Qualität der in ihm verteilten bituminösen Stoffe zu suchen. Die Untersuchung der stofflichen Zusammensetzung der dispersen Bitumina kann eine fruchtbringende Grundlage für Prognosen der Öl- und Gaszusammensetzung in Lagerstätten sein, die von dispersen Bitumina in tonig-schluffigen Gesteinen gespeist werden.

Auf diese Art und Weise werden die Wege aufgezeigt, wie man die Ergebnisse der lithologisch-bituminologischen Untersuchungen der Gesteine zur Klärung des Bituminierungsprozesses auch für die Fragen der Erdöl- und Erdgasbildung ausnutzen kann.

Ausgehend von dem oben Angeführten sind im allgemeinen solche Gesteine bitumenproduzierend, die über Subkapillarporen verfügen. Der Prozeß der Erdöl- und Erdgasbildung kann aber nur in dem Falle vor sich gehen, wenn die bituminösen Stoffe aus dem dispersen Zustand in den Subkapillarporen in den freien Zustand in den überkapillaren Poren des Speichergesteins übergehen, wo sich nach der Trennung vom Wasser Erdöl- und Erdgaslagerstätten bilden. Etwas anders gehen diese Prozesse in Karbonatgesteinen wie Kalkstein und Dolomit vor sich, deren Diagenese sehr schnell vonstatten geht.

In der beigefügten Tabelle werden in erster Linie geologische und geochemische Kennzeichen von Gesteinen angeführt, für welche die Zerfallsprozesse organischen Materials und die Bildung feinverteilter Bitumina festgelegt werden können. Zu diesem Zwecke wurde in erster Linie die Erfahrung bei der Untersuchung der mesozoischen und tertiären Schichten im Vorkaukasus verwendet und die veröffentlichten Untersuchungsergebnisse vieler anderer Gebiete herangezogen. In der Tabelle ist dargestellt, daß nur solche Gesteine bitumenproduzierend sein können, die sich aus subaquaten, feinkörnigen, sowohl karbonatischen als auch nichtkarbonatischen Sedimenten bei vorwiegender Senkung gebildet haben. Gerade diese Kennzeichen bestimmen eine reduzierende Umgebung, sowohl im Sedimentationsprozeß als auch während der weiteren Umbildungen. Äußeres Anzeichen derartiger Gesteine ist ihre graue, bläuliche Farbe, manchmal mit einem braunen oder grünen Schein. Es ist sehr charakteristisch, daß man sogar zwischen mächtigen Paketen rotfarbener Gesteine nach diesem äußeren Merkmal leicht solche Folgen ausscheiden kann, in denen eine Bitumenbildung möglich war.

Die im Zerfallsprozeß entstandenen bituminösen Stoffe vollführen ihre weiteren Umbildungen zusammen mit dem in den Subkapillarporen enthaltenen Wasser. Infolgedessen kann die Verfestigung des Gesteins, die zur Lithifikation und zum Schließen der Subkapillarporen führt, in gewissem Maße als Kennzeichen für die Verlangsamung und Beendigung der Bitumenbildung dienen. Die Bitumenbildung kann nur auf Grund des Zerfalls freier Bitumina, die in den Prozessen der Diagenese ausgeschieden wurden und dabei Spalten und Kavernen ausfüllten, erneut beginnen. Ein derartiger Prozeß ist augenscheinlich in bituminösen Kalksteinen und Dolomiten zu beobachten, in denen außer den gebundenen Bitumina reichlich Einschlüsse von Asphaltit in Kavernen und auf Klüften bekannt sind. Aus den Karbonatgesteinen sind nur bei ihrer vollständigen Zerstörung die gebundenen Bitumina zu gewinnen. Das heißt also, daß auch in Karbonatgesteinen der Prozeß der Bitumenbildung im wesentlichen mit der Lithifikation abgeschlossen ist. Zur gleichen Zeit können freie Bitumina, die sich in Form von Asphaltit ausgeschieden haben und Mikro- und Makroklüfte, Kavernen und alle möglichen Hohlräume ausfüllen, durch weiteren Zerfall neue Meng n beweglicher bituminöser Stoffe ergeben. Pakete derartiger bituminöser Malm- und Unterkreidekalke ziehen sich mehrere zehn Kilometer entlang der Nordflanke des Kaukasus hin. Eine noch größere Verbreitung haben in den westlichen Teilen der Ostsibirischen Tafel mächtige Pakete bituminöser altpaläozoischer Kalksteine und Dolomite, die eine große Menge Asphaltiteinschlüsse enthalten. Unter dem Mikroskop zeigen Schliffe im ultravioletten Licht Aureolen um Asphaltiteinschlüsse, die aus beweglichen bituminösen Komponenten bestehen. Infolgedessen ist es nicht ausgeschlossen, daß sich beim Zerfall von Asphaltiten Kohlenwasserstoffe bilden, die dem Erdöl verwandt sind. Deshalb ist es durchaus möglich, daß in lithifizierten karbonatischen Gesteinen — Kalken und Dolomiten — eine Bitumenbildung auf Kosten des Zerfalls von Asphaltit vor sich geht. Wenn sich dieser Prozeß durch weitere Untersuchungen bestätigt, so kann man Kalksteine und Dolomite, die bituminös sind und Asphaltite enthalten, als bitumenproduzierend ansehen.

Das heißt also, wenn in tonigen und tonig-schluffigen Gesteinen die Bitumenbildung auf Kosten des Zerfalls des dispersen organischen Materials in subkapillaren Poren vor sich geht, sie augenscheinlich in verfestigten karbonatischen Gesteinen durch Zerfall freier Bitumina — der Asphaltite — in überkapillaren Hohlräumen stattfindet.

Die Bitumenbildung ist ein Zwischenprozeß auf dem Wege zur Erdölbildung. Für den Prozeß der Erdöl- und Erdgasbildung genügt es nicht, über Ausgangsbitumen zu verfügen. Es sind Bedingungen erforderlich, die den Erdöl-Kohlenwasserstoffen ermöglichen, sich aus den dispersen bituminösen Stoffen auszuscheiden.

Aus dem unteren Teil der Tabelle ist zu ersehen, daß die Erdöl- und Erdgasbildung nur beim Übergang des Kohlenwasserstoffteils der Bitumina in ein Speichergestein vor sich geht. Dieser Prozeß kann genauso in

Diagnostische Anzeichen der Bitumenbildung und der Erdöl- und Erdgasbildung (aufgestellt von I. O. BROD, Oktober 1958)

Untersuchungsobjekte	Geologische Anzeichen	Geochemische Anzeichen
bitumenproduzierende Gesteine	Gesteine, die sich aus subaquatischen feinkörnigen, sowohl karbonatischen als auch nichtkarbonatischen Sedimenten unter Bedingungen einer vorherrschenden Senkung bildeten.	Reduzierendes Medium, sowohl während der Sedimentation als auch bei weiteren Umwandlungen. Dadurch bedingt graue und bläuliche Färbung des Gesteins, manchmal grünliche und bräunliche Töne.
	Es ist organisches Material vorhanden, das zwischen den Gesteinskörpern verteilt ist.	Es ist sowohl kohliges als auch bituminöses Material in den organischen Verbindungen vorhanden, das kohlige überwiegt gewöhnlich stark.
	Terrestrische Gesteine müssen ihre Plastizität erhalten haben, d. h., die Diagenese darf nur einen solchen Grad erreicht haben, bei welchem die subkapillaren Poren und das darin halbgebundene Wasser erhalten bleiben.	Der Metamorphosegrad des organischen Materials ist so, daß er dessen weiteren Zerfall unter Bildung von Bitumen gewährleistet.
	Verfestigte karbonatische Gesteine (Kalke u. Dolomite) müssen freie Bitumina in Form von Asphaltiten enthalten, die Klüfte und Kavernen ausfüllen.	
syngenetisch öl- und gasführende Folgen (Erdölmuttergesteine)	Terrestrische und karbonatisch-terrestrische Folgen müssen im geologischen Profil sowohl bitumenliefernde als auch Speichergesteine enthalten.	Es müssen syngenetische Bitumina in gering-permeablen Gesteinen vorhanden und dispers verteilt sein. Die in den Speicherhorizonten vorhandenen und in den Wässern gelösten Bitumina müssen mit den syngenetischen chemisch verwandt sein. Die hydrogeologische Situation muß für die Überführung der dispers verteilten Kohlenwasserstoffe in den Erdölzustand günstig sein.
	In Kalkstein - Dolomit - Folgen müssen kommunizierende Mikro- und Makrohohlräume vorhanden sein, die teilweise mit Asphaltiten gefüllt sind.	Es müssen Zerfallsprozesse vor sich gehen, welche aus Asphaltiten Kohlenwasserstoffe erzeugen, und es muß eine hydrogeologische Situation, welche für den Übergang aus dem dispersen Zustand in mobiles Erdöl günstig ist, vorhanden sein.
epigenetisch öl- und gasführende Folgen	Bei Wechsellagerungen von Speicherhorizonten mit gering-permeablen Gesteinen, die keine Bitumina bilden, muß ein Zusammenhang mit bituminaliefernden Gesteinen vorhanden sein, sei es durch lithologisch-fazielle Änderungen, durch strukturelle Komplikationen (Brüche, Diapire usw.) oder durch Kontakt an Diskordanzen.	Es müssen epigenetische Bitumina vorhanden sein, die chemisch den Bitumina der speisenden Gesteine verwandt sind, sowie Spuren sekundärer Reduktionsprozesse auf dem Migrationsweg der Bitumina.
	Bei mächtigen Speichergesteinen, die einheitliche natürliche Reservoire bilden, müssen diese durch den lithologisch-faziellen Wechsel lateral oder durch hangende oder liegende bitumenliefernde Gesteine gespeist werden.	Es müssen epigenetische Bitumina vorhanden sein, die den Bitumina der speisenden Gesteine chemisch verwandt sind.

den Paketen erfolgen, in denen die Bitumenbildung stattfand, als auch in Gesteinspaketen, denen bitumenproduzierende Gesteine fehlen.

Syngenetisch öl- und gasführend können nur solche terrigenen und karbonatisch-terrigenen Folgen sein, in deren Profil bitumenproduzierende Gesteine vorhanden sind. Erdöl und Erdgas kann sich dabei nur dann bilden, wenn in der betrachteten Folge auch Speichergesteine vorhanden sind. Geochemische Kennzeichen syngenetisch öl- und gasführender Folgen sind vor allem Bitumina, die ein Zerfallsprodukt des zwischen den mineralischen Teilchen pelitischer Gesteine verteilten organischen Materials darstellen. Die syngenetischen Bitumina müssen den in den Speichergesteinen derselben Folge verteilten Bitumina chemisch verwandt sein. Die Bildung von Erdöl- und Erdgaslagerstätten kann nur in einer hydrochemischen und hydrodynamischen Situation vonstatten gehen, die für den Übergang der Kohlenwasserstoffe aus dem dispersen Zustand in Erdöl günstig ist.

Kalk-Dolomit-Pakete können nur dann als syngenetisch öl- und gasführend betrachtet werden, wenn sie gebundene Bitumina und außerdem Asphaltite in Mikro- und Makrohohlräumen, die chemisch verwandt sind, enthalten. Außerdem muß der Zerfall der Asphaltite unter Bildung von Kohlenwasserstoffen festgestellt werden. Für den Übergang der Kohlenwasserstoffe aus dem dispersen Zustand in Erdöl ist es außerdem erforderlich, daß in den Kalk- und Dolomitspeichern eine günstige hydrochemische und hydrodynamische Situation herrscht.

Ganz anders sind die Kennzeichen des Erdöl- und Gasbildungsprozesses in epigenetisch öl- und gasführenden Folgen. Für Folgen mit einer Wechsellagerung von Speichergesteinen und wenig permeablen Horizonten, die keine Bitumen liefern, ist es notwendig, einen Zusammenhang mit bitumenproduzierenden Gesteinen anderer Folgen zu beweisen. Diese Zusammenhänge sind in erster Linie möglich durch lithologisch-fazielle Änderungen der Gesteine, die sich in Oxydationszonen gebildet haben, in solche, die bitumenproduzierend sind. Ein Eindringen von Kohlenwasserstoffen in epigenetisch öl- und gasführende Pakete ist auch möglich entlang von Störungen oder durch Ausquetschen aus den Kernen von Diapiren oder diapirartigen Antiklinalen. Nicht ausgeschlossen ist der Übergang von Bitumen bei Berührung von Speichergesteinen mit bitumenproduzierenden Gesteinen an einer Diskordanzfläche.

In mächtigen Speicherpaketen, die ein einheitliches Reservoir bilden, kann bei Fehlen einer Quelle für die Bitumenbildung im Speicher die Speisung entweder durch liegende oder hangende bitumenproduzierende Gesteine oder durch lithologisch-fazielle Änderungen des Speichers erfolgen. Die Speisung der epigenetisch öl- und gasführenden Folgen kann vor allem durch Feststellen von dispersen, chemisch den Bitumina der speisenden Gesteine verwandten Bitumina nachgewiesen werden. Die Transportwege der Bitumina können durch sekundäre Reduktionsprozesse festgestellt werden. Bei rotfarbenen Gesteinen können derartige sekundäre Prozesse oft schon visuell durch graublaue und grünliche Farben auf dem Migrationswege der bituminösen Stoffe festgestellt werden.

Alle angeführten Kennzeichen sind in der beigefügten Tabelle zusammengestellt. Zweck dieser Tabelle ist, nur die wichtigsten Züge zu systematisieren, die die Möglichkeit geben, das Vorhandensein der Bitumenbildungsprozesse in Gesteinen und der Prozesse der Erdöl- und Erdgasbildung festzustellen, die zur Bildung regional öl- und gasführender Folgen führen.

Zusammenfassung

In einer übersichtlichen Tabelle sind die diagnostischen Anzeichen der Bitumen-, der Erdöl- und Erdgasbildung zusammengestellt. Es werden die wichtigsten Züge systematisiert, die die Möglichkeit geben, das Vorhandensein der Bitumenbildungsprozesse in Gesteinen und der Prozesse der Erdöl- und Erdgasbildung festzustellen, die zur Bildung regional öl- und gasführender Folgen führen. Die wichtigsten Unterlagen wurden durch lumineszenz-bituminologische Untersuchungen gewonnen. Es wurde nachgewiesen, daß alle durch Reduktionsbedingungen charakterisierten tonigen und tonig-schluffigen, karbonatischen und nichtkarbonatischen Gesteine fast immer dem Erdöl verwandte Bitumina enthalten. Der Prozeß der molekularen Migration wird als komplizierter physikalisch-chemischer Umwandlungsprozeß angesehen, der die geweglichen Stoffe bei ihrer Fortbewegung im halbgebundenen Zustand in den subkapillaren Poren sich verdichtender mergeliger, toniger und tonig-schluffiger Gesteine erfaßt. Es besteht ein gesetzmäßiger Zusammenhang zwischen dem Verdichtungsgrad des tonig-schluffigen Gesteins und der Qualität der in ihm verteilten bituminösen Stoffe. Erdöl- und Erdgasbildung findet statt, wenn die bituminösen Stoffe aus dem dispersen Zustand in den Subkapillarporen in den freien Zustand in den überkapillaren Poren des Speichergesteins übergehen, in welchen sich nach der Trennung vom Wasser Erdöl- und Erdgaslagerstätten bilden.

Резюме

В наглядной форме в таблице приведены диагностические признаки образования расеенныя нефти и газа. Систематизируются основные черты, позволяющие установить наличие процессов образования битумов в породах и процессов образования нефти и газа, ведущих к распростраженню регионально нефтегазоносных свит. Важнейшие данные получены путём люминисцентно-битуминологических исследований. Доказывается, что глинистые и глинисто-алевритовые, карбонатные и не карбонатные породы, характеризующиеся восстановительной средой, почти всегда содержат битумы, сходные с нефтью. Процесс молекулярной миграции рассматривается как сложное физико-химическое превращение, происходящее с подвижнь ми веществами при их перемещении в полусвязанном состоянии в субкапиллярных порах уплотняющихся мергелистых, глинистых и глинисто-алевритовых пород. Существует закономерная связь между степенью уплотнения глинисто-алевритовых пород и качеством рассеяпных в ней битуминозных веществ. Образование нефти и газа происходит, когда битумы переходят из рассеянного состояния в субкапиллярных порах в свободное состояние в сверхкапиллярных порах коллекторов, в которых после выделения у глеводородов из воды образуются залежи нефти и газа.

Summary

On an synoptic table the diagnostic indications of the formation of bitumen, oil and natural gas are composed. A system is constructed of the most important features, which make it possible to state process of the formation of bitumen in rocks as well as of oil and natural gas, which may lead to a regional formation of oil and gas bearing series. The most important data have been obtained from luminescence-bituminological investigations. It has been demonstrated that all argillaceous and silty carbonate and non-carbonate rocks, which are characterized by reductional conditions, are almost always containing oil like bitumina. The process of molecular migration is considered as a complicated process of physico-chemical transformation, which affects the movable materials at their progression in a half-bounded state within the subcapillary pores of compacting marly, argillaceous and silty rocks. There is a regular relation between the degree of compaction of the argillaceous-silty rock and the quality of the bituminous materials distributed in it. The formation of oil and gas takes place while the bituminous matter is changing from the dispersed state within the subcapillary pores into the free state within the supracapillary pores of the bearing rock, during which after the separation from water oil- and gas-deposit sare forming.

Asche, ein rezentes Sediment

HANS MAU, Berlin

Die Fachliteratur über Sedimentgesteine enthält viele wertvolle Arbeiten, die den Einfluß des Menschen auf die Veränderung der Erdoberfläche und bei der Bildung rezenter Sedimente darstellen. In wenigen dieser Arbeiten wird aber bisher die Asche als ein Sedimentationsprodukt der Zivilisation erwähnt, das durchaus Beachtung verdient. Der Grund dafür liegt darin, daß die Entwicklung der menschlichen Gesellschaft erst jetzt dazu Veranlassung gibt, die Asche auch vom Standpunkt der Bildung rezenter Sedimente aus zu betrachten. Solange Bevölkerungsdichte und Industrie relativ gering waren, gab es nur kleine Aschemengen, die kein Problem bildeten. Inzwischen aber wuchs die Bevölkerungsdichte, die Menschheit konzentrierte sich zunehmend in großen Industriestädten, und in den letzten Jahrzehnten stieg der Bedarf an Kohle und

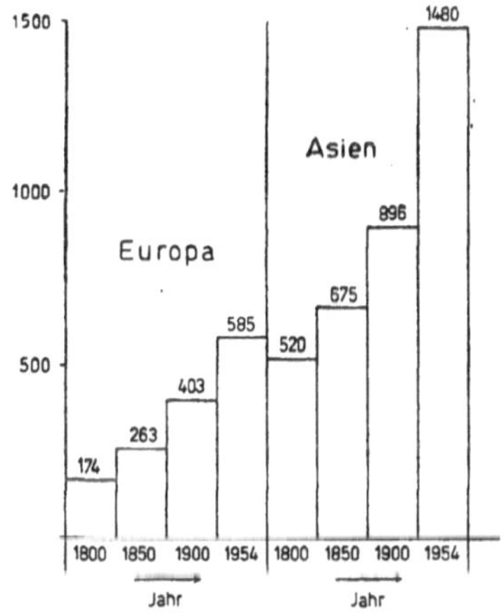

Abb. 1. Wachstum der Bevölkerung Europas und Asiens seit dem Jahre 1800 (nach Prof. Dr. v. BÜLOW). Zur Zeit beträgt die Bevölkerung der gesamten Erde etwa 2,7 Mrd. Menschen bei einer jährlichen Zuwachsrate von 1%. Diese Steigerung muß sich beschleunigend auf die Industrialisierung und damit auf den Brennstoffbedarf auswirken.

damit ihr Ascheanfall stark. Der Bau von Industriegiganten, sowohl im kapitalistischen als auch im sozialistischen Weltlager, läßt den Brennstoffverbrauch gegenwärtig und in den nächsten Jahren so wachsen, daß man nicht mehr von „Ascheanfall", sondern von Aschebergen, ja sogar von rezenter Aschesedimentation sprechen kann.

Abb. 1 zeigt das Wachsen der Bevölkerungsdichte nach K. VON BÜLOW (1956) seit dem Jahre 1800. Die jährliche Zuwachsrate beträgt z. Z. über 1%. Die Entwicklung des Verbrauchs an Steinkohle ist aus Abb. 2 und die des Verbrauchs an Braunkohle aus Abb. 3 ersichtlich.

In der Vergangenheit diente die Kohle fast ausschließlich als Brennstoff, und erst in letzter Zeit wurde ihre Bedeutung als Edelrohstoff für die chemische Industrie erkannt. Besonders im sozialistischen Lager ist man bestrebt, dem durch Umplanung und Umstellung der Verwertungseinrichtungen Rechnung zu tragen. Das Chemieprogramm der DDR gibt dieser Tendenz beredten Ausdruck. Es ist jedoch nicht möglich, diesen Prozeß so kurzfristig zu vollenden, wie es die geologischen und technischen Erkenntnisse als

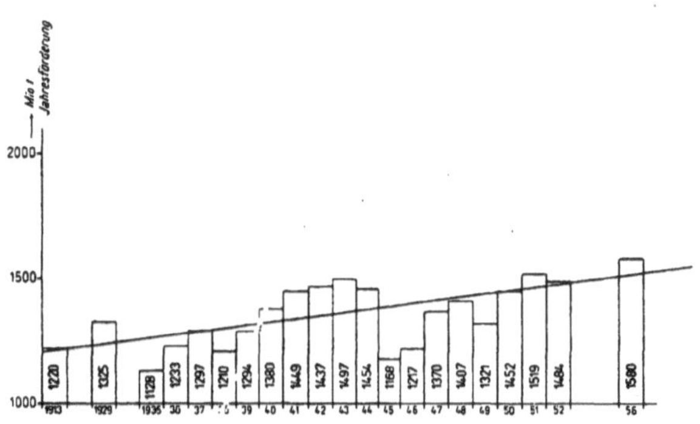

Abb. 2. Jahresförderung der Welt an Steinkohle (nach Angaben aus „Die Kohlenwirtschaft der Welt in Zahlen", Verlag „Glückauf", 1953, und Angaben von A. WINIGER, Zürich 1957, zusammengestellt) und durchschnittliche Fördersteigerung

wünschenswert erscheinen lassen. Die Industrie und damit auch die Chemie kann ohne Energie nicht leben, und vorerst werden etwa 90% des Bedarfes an Primärenergie in der DDR durch Kohle gedeckt.

Die Weiterentwicklung, Projektierung und Errichtung der benötigten Kraftwerksanlagen auf der Basis von radioaktiven geologischen Vorkommen, d. h. die Erzeugung von Kernenergie in Kraftwerken, wird noch beträchtliche Zeit in Anspruch nehmen, ehe die Kohle damit ersetzt werden kann. Durch die ökonomischen Gesichtspunkte, die sich aus der unterschiedlichen Verteilung der Kohlelagerstätten ergeben, wird auf weiten Teilen der Erde dieser Zeitpunkt sogar noch weit über das technisch notwendige Maß hinausgeschoben. In der DDR wurde die voraussichtliche Entwicklung entsprechend den graphischen Darstellungen in Abb. 4 und Abb. 5 eingeschätzt (Bilkenroth 1956); das bedeutet, daß wir die gesamte, im Bereich der DDR anstehende Braunkohle noch zum wesentlichen Teil verfeuern und anteilig in Asche umwandeln müssen und daß dieser Prozeß bei uns etwa bis zum Jahre 2000, bei Streckung der Vorräte bis zum Jahre 2025, d. h.

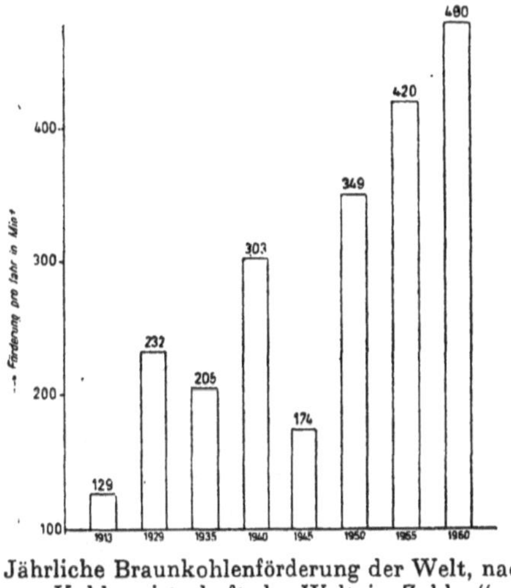

Abb. 3. Jährliche Braunkohlenförderung der Welt, nach Angaben aus „Kohlenwirtschaft der Welt in Zahlen", Verlag „Glückauf", zusammengestellt unter Berücksichtigung des Perspektivplanes der DDR als z. Z. größtem Braunkohlenproduzenten der Erde

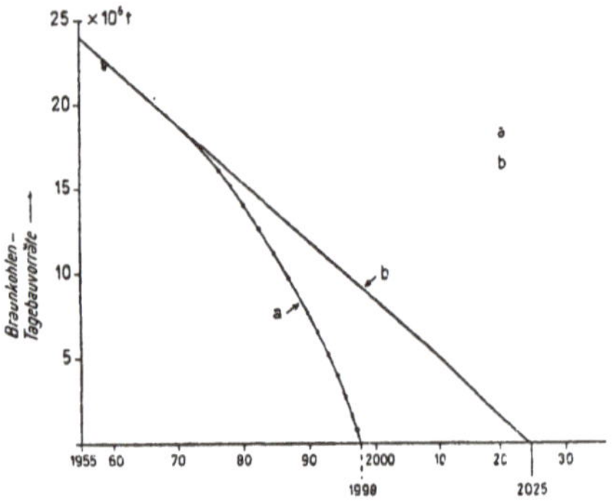

Abb. 4. Lebensdauer der Braunkohlen-Tagebauvorräte der DDR (nach Prof. Dr. BILKENROTH 1956)

a) Steigerung der Kohlenförderung progressiv um jährlich 4%, b) 4%ige progressive Steigerung bis 1965, ab 1970 gleichbleibend 350×10^6 t/Jahr Kohlenförderung

bis zur Auskohlung unserer Lagerstätten, andauern wird.

Die Weltvorräte an Kohle wurden beispielsweise von LEIBNITZ (1954) wie folgt angegeben:

Steinkohle	abbauwürdige Vorräte	ca. 335	Mrd. t
	wahrscheinliche Vorräte	„ 5000	„ t
Braunkohle	abbauwürdige Vorräte	„ 400	„ t
	wahrscheinliche Vorräte	„ 2800	„ t

Die wahrscheinlichen Gesamtvorräte würden somit 7800 Mrd. t betragen. Andere Angaben sind etwas niedriger, teils weil geringere Teufen zugrunde gelegt wurden, teils auch weil nach neueren Erkenntnissen die Vorräte in den USA früher überschätzt wurden. Dafür hat sich aber herausgestellt, daß die Vorräte in der Sowjetunion bisher bei weitem unterschätzt worden sind. Der stellvertretende Vorsitzende für die Erforschung der Produktivkräfte bei der Sowjetischen Akademie der Wissenschaften, Akademiemitglied PUSTOWALOW, teilte kürzlich mit, daß in Ostsibirien und im fernen Osten der Sowjetunion 6,7 Billionen t Kohle geologisch festgestellt wurden. Demnach würden sich die Weltvorräte an Kohle auf etwa 14000 Mrd. t erhöhen.

Eine Schätzung der Asche, die durch Verbrennung der Kohle entsteht, ist, wenn man einen hohen Genauigkeitsgrad fordert, noch schwieriger als exakte Angaben über die Kohlenvorräte. Man kann jedoch mit für die vorliegende Betrachtung ausreichender Genauigkeit die Größenordnung der Aschemengen schätzen. Dabei muß man berücksichtigen, daß die Grenze zwischen abbauwürdiger und nicht abbauwürdiger Kohle durch den Fortschritt der Technik zugunsten der ersteren wächst, ferner, daß in zunehmendem Maße ballastreiche Kohle verwendet wird. Das führte z. B. dazu, daß in der DDR mehrere Kraftwerke nach ihrer Fertigstellung Schwierigkeiten bei der Entaschung hatten, weil im Laufe der Zeit der Aschegehalt über das projektierte Maß hinaus anwuchs und die pneumatische oder hydraulische Entaschungsanlage nicht mehr ausreichte.

Die Kraftwerkspraxis erwies also, daß die im Laboratorium ermittelten Angaben über den Aschegehalt meist wesentlich niedriger liegen, als sie tatsächlich sind, weil geringmächtige Zwischenmittel und Verunreinigungen der Kohle hinzukommen.

Bei der Projektierung von Kraftwerken rechnet man in der DDR mit 16—18% Asche, zum Teil sogar mit noch mehr, um für alle Fälle gerüstet zu sein. Im Durchschnitt kann man den tatsächlichen Aschegehalt der geförderten Braunkohle mit etwa 10% ansetzen.

Die Steinkohle, die unter den Kesseln verfeuert wird, wird auch zunehmend ballastreicher. Wenn man die durch Aufbereitung nicht in den Feuerraum gelangenden Bergeanteile nicht hinzurechnet, so verbleibt bei der Steinkohle ein Aschegehalt zwischen 5% und 50%, und man geht nicht fehl, auch für die Steinkohle einen Durchschnittsaschegehalt von 10% anzusetzen. Würde man diese Werte für die abbauwürdigen Weltkohlenvorräte, die wir für unser Beispiel einmal auf 1000 Mrd. t aufrunden wollen, zugrunde legen, so ergäbe das 100 Mrd. t Asche, die unter der Annahme eines durchschnittlichen spezifischen Volumens von 1 cbm/t die gesamte Fläche der DDR mit einer 1 m hohen Schicht bedecken würde.

Wenn man sich auf die wahrscheinlichen Weltkohlenvorräte bezieht, dann würde die Schicht sogar 14 m hoch sein.

Beschränken wir uns auf unsere DDR, so würden unsere zur Zeit noch vorhandenen etwa 23 Mrd. t Braunkohlenvorräte rund 2,3 Mrd. t Asche ergeben. Über die Gesamtfläche der DDR verteilt, ergäbe das einen 2 cm hohen Ascheteppich. Dem Volumen nach würde die Asche das Dreifache der Müritz-See ausmachen. Das wäre immerhin eine beachtliche Lagerstätte.

Das Problem gewinnt eine um so größere Bedeutung, als wir z. Z. im Begriff sind, die größten Braunkohlenkraftwerke der Welt zu errichten, z. B. Lübbenau, Vetschau und Cottbus, die uns im Zuge von weniger als 10 Jahren die Kapazität unserer Energieerzeugungsanlagen mehr als verdoppeln sollen.

Nehmen wir nur ein einziges dieser Kraftwerke von 1800 MW Leistung im Endausbau, so beträgt allein hier die tägliche Aschenmenge etwa 13000 t. Diese mit dem wachsenden Energiebedarf ebenfalls wachsenden Aschenmengen haben bisher zwar nicht die Geologen, aber die Kraftwerks-Spezialisten und -Projektanten in zunehmendem Maße beschäftigt und genötigt, nach Wegen zur Beseitigung der Asche zu suchen. Die Aschenmengen sind so gewaltig, daß die Möglichkeit der Verkippung der Massen nicht immer ausreichend vorhanden ist. Von einer Verkippung auf Hochhalden sollte man schon wegen der zu befürchtenden Staubbelästigung der Umgegend selbst dann möglichst absehen, wenn Platz verfügbar ist. Ausgekohlte Tagebaue (Restlöcher) sind in unmittelbarer Nähe der projektierten Kraftwerke nicht vorhanden. Die Verkippung

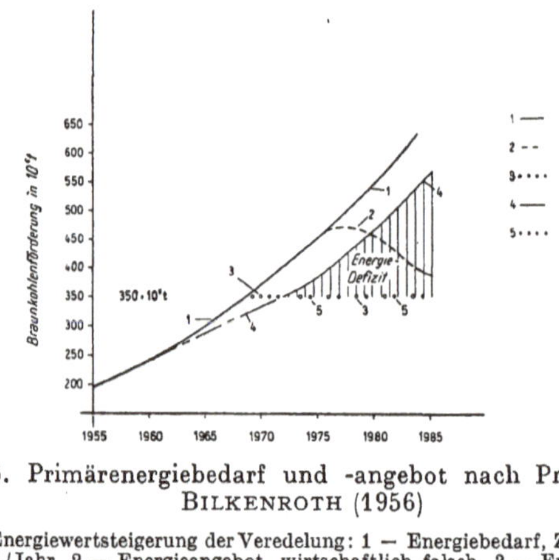

Abb. 5. Primärenergiebedarf und -angebot nach Prof. Dr. BILKENROTH (1956)

Ohne Energiewertsteigerung der Veredelung: 1 — Energiebedarf, Zuwachsrate 4%/Jahr, 2 — Energieangebot, wirtschaftlich falsch, 3 — Energieangebot, wirtschaftlich richtig, ab 1969 Energiedefizit
Mit Energiewertsteigerung durch Veredelung: 4 — Energiebedarf, Wertst. 15% 1960/76, 5 — Energieangebot, ab 1972 Defizit

muß in die der Bekohlung der Werke dienenden umgebenden Tagebaue hinein erfolgen, obwohl damit beträchtliche Erschwernisse für den Tagebaubetrieb verbunden sind und das Verhalten der Asche noch nicht ausreichend geklärt ist. Diese „nächstliegende" Möglichkeit erfordert aber immer noch kilometerweite Schienenwege. Beim Kraftwerk Vetschau z. B. sind es etwa 20 km. Zu beiden Seiten der Aschebahn pflegen sich durch das Heraustropfen der angefeuchteten Asche aus den Waggons in kürzester Zeit meterhohe, steinharte Hügelketten aufzutürmen, die die Betriebsfähigkeit der Bahn gefährden und beseitigt werden müssen.

Die Kosten der Aschebeseitigung aus den Kraftwerken sind erheblich und übersteigen nicht selten die vorgeschriebenen Grenzen von DM 1,80 je t beträchtlich. Zudem sind die hydrologischen Bedingungen in der DDR derart, daß man mit Rücksicht auf das Wasser als einen der wichtigsten Rohstoffe unserer Erde im allgemeinen den billigsten Weg des Ascheabtransportes, die hydraulische Förderung, nicht wählen kann. Die Asche enthält Schwefel und andere aggressive wasserlösliche Bestandteile, so daß die Organisationen der Wasserwirtschaft selten ihre Zustimmung zur Verspülung der Asche geben. Darum mußte man bei der Projektierung zur pneumatischen Entaschung mit Zwischenbunkerung der Asche und anschließendem Abtransport mit Zügen zur kilometerweit entfernten Aschekippe übergehen.

Neuerdings kommt auch ein anderes Verfahren in Frage, bei dem die Asche, die in den Kraftwerken, sofern keine Schmelzfeuerung vorgesehen ist, gewöhnlich in zwei Formen, nämlich als nasse Kessel- oder Kratzbandasche und zur anderen Hälfte (oder mehr) als staubförmige Filterasche anfällt, zu Granalien verformt wird. Dieses Verfahren, das z. Z. in kleineren Kraftwerksanlagen erprobt wird, erfordert nicht nur weniger Investitionen und bringt größere Betriebssicherheit, sondern es verdichtet auch die Asche auf etwa das Doppelte, so daß weniger Transport- und Kippraum beansprucht werden. Darüber hinaus dürfte die Standfestigkeit aus derartigen Granalien geformter Aschekippen besser sein, als die von loser, angefeuchteter Asche. Der Durchmesser der einzelnen Granalien kann je nach Einstellung der benötigten Granulierteller zwischen 5 mm und 50 mm variieren.

Besonders bemerkenswert ist, daß die Asche zementartige Eigenschaften besitzt, so daß die Aschegranalien in kurzer Zeit zu großer Härte erstarren. Man kennt auch Verfahren, bei denen die Aschegranalien anschließend gesintert und dann als Baustoff verwendet werden.

Damit ist das Stichwort für die Bemerkung gegeben, daß sich offensichtlich die Asche durch ihre mit Zunahme der Industrialisierung wachsenden Mengen aus einem unerwünschten Abfallstoff in einen verwertbaren und teilweise hochwertigen Rohstoff umzuwandeln beginnt, der nicht nur wegen seines geologischen Ursprunges, sondern auch durch seine geologisch bemerkenswerten Mengen und vor allem wegen seiner Bestandteile an Mineralien und Erzen im Bereich der angewandten Geologie beachtet werden sollte.

Tabelle zeigt die Ascheanalysen verschiedener Braunkohlenreviere und Gruben. Die Werte der Tabelle entstammen unterschiedlichen Quellen, und auch die Analysenmethoden werden daher unterschiedlich gewesen sein. Außerdem ist bekannt, daß in ein und derselben Grube zu verschiedenen Zeiten andere Analysenwerte gefunden werden, weil sich die Ablagerungsverhältnisse geändert haben.

Es wird jedoch verständlich sein, wenn entsprechend den Bestandteilen der Asche je nach den Standortbedingungen, unter denen sie anfällt, die verschiedensten Verwertungsmöglichkeiten ins Auge gefaßt und in zunehmendem Maße praktisch durchgeführt werden. An dieser Stelle seien folgende Verwendungsmöglichkeiten genannt:

1. Verwendung der Asche für die Zement- und Baustoffindustrie, und zwar

a) als Mischbinder,

b) als kalkgebundene oder zementgebundene oder tongebundene Schlackensteine,

Tab. Ascheanalysen verschiedener Braunkohlenreviere und -gruben

Revier bzw. Grube	SiO_2	Al_2O_3	Fe_2O_3	CaO	SO_3(S)	MgO	Na_2O
Senftenberg I	6,6	3,8	33,1	25,7	21,4	4,9	–
„ II	6,0	3,4	32,7	25,2	26,4	2,8	–
„ III	13,8	2,0	28,6	23,3	24,9	2,5	–
Greifenhain							
-Nebendorf	15,5	14,3	36,6	5,5–35,3	12,3–15,4	1,8–2,8	0,2
-Pritzen	11,4	12,4	41,0	13,0	20,3	1,7	2,9–3,3
Borna	27,4	15,9	11,2	16,7	24,7	1,6	–
Zeitz	12,0	7,7	9,4	36,0	31,1	3,2	–
Halle	5,5	2,5	1,3	15,3	30,5	2,2	–
Nachterstedt	16,3	5,3	1,9	18,6	38,2	2,7	–
Offleben	7,2	9,4	7,9	28,0	40,3	1,4	2,9
Olbersdorf	50,1	30,0	4,2	2,7	1,6	0,2	3,4
Geiseltal	8,4	6,4	2,9	38,2	32,0	5,4	–
Egeln	28,5	10,1	1,6	13,5	28,3	0,1	15,9
KW Lauta	23,0	12,7	22,0	21,0	9,8	–	–
Grube Regis	8,2	14,6	6,7	32,3	29,4	3,5	–
„ Witznitz	25,1	8,0	2,9	28,9	31,2	3,0	–
Tgb. Deuben	22,3+	8,0	6,6	45,3++	12,0	3,9	–
„ Böhlen	20,0+	7,8	6,1	45,9++	12,2	3,9	–
„ Groß-Kayna	34,0+	10,7	2,9	34,2++	5,0	3,0	–
„ Espenhain	32,0	12,7	3,1	25,9	4,3	2,4	–
„ Hirschfelde	62,0	6,4	2,1	4,2	1,6	1,3	–
„ Trattendorf	33,0	5,6	21,0	26,8	6,2	2,9	–

+ = löslich und unlöslich ++ = gebunden und frei

c) für die Herstellung von Leichtbausteinen und Porenbeton,
d) für die Herstellung von Schlackenbims,
e) für den Straßenbau.

Da sich der Schwefelgehalt der Asche durch Bildung von Gasen und Schwefelsäure schädlich auf die Baustoffe bzw. Bauwerke sowie auf Menschen, Tiere und Pflanzen auswirkt, kommt nur von Natur schwefelarme Asche oder durch Sinterung granulierten (pelletisierten) Materials entschwefelte Asche in Frage.

2. Wie die Tabelle zeigt, ist in einigen Gruben der Eisengehalt der Asche höher als bei unseren hüttenmäßig verwendeten ärmeren Eisenerzen. Man beschäftigt sich daher für die Industriebetriebe, bei denen Asche in entsprechender Menge anfällt, mit der Verhüttung, wobei das Hauptproblem darin besteht, die Asche in eine hüttenfähige Form zu bringen.

Wenn die Versuche zur Brikettierung der Asche bisher keinen Erfolg gezeitigt haben, ist möglicherweise die Aschegranulierung ein Weg, der zum Ziele führt.

Ein weiteres Problem ist auch hierbei der Schwefel. Er ist teilweise als Sulfidschwefel an Eisen gebunden und führt infolge leichter Verwitterung zur Entstehung freier Schwefelsäure.

3. Anwendung schwefelarmer Asche für Düngemittel. Versuche der Düngung mit Braunkohlenasche des Tagebaues Fortuna waren erfolgreich und führten bereits zur Verwendung in großem Maßstab (Endel 1958). In letzter Zeit wurde festgestellt, daß es möglich ist, den Schwefelgehalt auf ein unschädliches Minimum zu reduzieren, bzw. daß er ohnehin in höherem Maße als bisher angenommen wurde, durch den Schornstein entweicht. Allerdings ist die verwendete Asche des Tagebaues Fortuna besonders schwefelarm und kalkreich. Man wird gut daran tun, zunächst geeignete Verfahren zur Entschwefelung und Kalkanreicherung zu entwickeln, ehe man in der DDR mit Asche düngen kann.

4. Der relativ hohe Anteil vieler Aschen an Schwefel und Schwefelverbindungen eröffnet die Möglichkeit der Schwefelgewinnung und Schwefelsäureherstellung aus Asche und Rauchgasen.

5. Schließlich sei erwähnt, daß man sich auch mit der Gewinnung reiner Tonerde aus Asche für die Aluminiumerzeugung beschäftigt.

Die jeweiligen Verfahren sind nicht Gegenstand dieser Darstellung, sondern gehören in das Gebiet der Technik. Die Entwicklungsarbeiten sind noch nicht abgeschlossen. Zu gegebener Zeit wird man näher darüber berichten können.

Es sollte mit diesen Ausführungen in kurzen Zügen gezeigt werden, daß die Asche nicht außer acht gelassen werden kann, wenn man die Reihen der durch das Wirken der Menschen neu gestalteten Bodenschätze überschaut. In dem Maße, wie der Geologe der DDR mitwirkt bei der Umwertung der Asche vom unerwünschten Abfallstoff zum vielseitig verwendbaren Rohstoff, trägt er bei zum sozialistischen Aufbau, zur Erfüllung unserer ökonomischen Hauptaufgabe und zur Realisierung des 7-Jahr-Plans unserer Republik.

Zusammenfassung

Der Aufsatz befaßt sich mit dem Anwachsen des Ascheantails infolge des zunehmenden großindustriellen Kohleverbrauches. Die sehr unterschiedlichen Angaben über wahrscheinliche und abbauwürdige Weltvorräte an Stein- und Braunkohlen werden gegenübergestellt. Unter Berücksichtigung neu erkundeter Vorräte in der Sowjetunion werden die gesamten wahrscheinlichen Weltvorräte mit 14000 Milliarden t angegeben. In der DDR sind innerhalb der nächsten 40 Jahre noch ca. 23 Milliarden t zu fördern. In einem einzigen Großkraftwerk von 1800 MW Leistung fallen täglich ca. 13000 t Asche an. Damit wird die Asche zu einem rezenten Sediment, dessen wertvolle Bestandteile industriell nutzbar gemacht werden können. Als Verwendungsmöglichkeiten kommen in Frage: 1. Nutzung für Baustoffe verschiedener Art, 2. Verhüttung eisenerzreicher Aschen, 3. Verwendung schwefelarmer und entschwefelter Asche für Düngemittel, 4. Schwefelgewinnung, 5. Gewinnung reiner Tonerde für die Aluminiumerzeugung. An Stelle der störanfälligen pneumatischen Entaschung und der wasserwirtschaftlich nicht vertretbaren hydraulischen Entaschung der Großkraftwerke dürfte sich künftig immer mehr die Aschegranulierung durchsetzen, die die Größe der Lagerstätten verringert und Transport und Verwertung der Asche erleichtert.

Резюме

Статья занимается повышением количества золы вследствие увеличивающегося потребления угля в промышленности. Сопоставляются весьма отличающиеся друг от друга сведения о вероятных и промышленных мировых запасах каменного и бурого угля. С учетом новоразведанных запасов в Советском Союзе, общие вероятные мировые запасы принимаются в количестве 14000 миллиардов тонн. В течение следующих 40 лет в ГДР еще должно быть добыто около 23 миллиардов тонн. От одной лишь крупной теплостанции мощностью в 1800 МВ ежедневно получаются около 13000 тонн золы. Этим зола становится современным осадком, ценные составные части которого могут быть использованы в промышленном отношении. Возможности использования следующие: 1) использование для строительных материалов различных видов, 2) металлургическая переработка зол, богатых железными рудами, 3) употребление бедных серой и освобожденных от серы зол для удобрения, 4) извлечение серы, 5) извлечение чистого глинозема для производства алюминия. Вместо пневматического обеззоливания и гидравлического обеззоливания крупных теплостаний в будущем все больше будет осуществляться грануляция золы, которая уменьшает объем отвалов и облегчает транспорт и использование золы.

Summary

The paper concerns with the increasing accumulation of ashes caused by the growing consumption of coal in the heavy industry. The very different data about probable and minable world reserves of coal and brown coal are compared. With regard to the recently explored reserves in the Soviet-Union the totality of the probable world reserves are stated to be 14000 milliard t. In the German Democratic Republic may be put out still nearly 23 milliard t within the next 40 years. In a single highpower station with a capacity of 1800 MW the daily production of ashes amounts to nearly 13000 t. Therewith ash becomes a recent sediment, the valuable contents of which may be utilized in the industry. The possible utilizations could be: 1. using for different building materials; 2. smelting of ashes containing iron ore; 3. application of nearly sulfur-free and desulfurized ashes for fertilizer; 4. extraction of sulfur; 5. extraction of pure argillaceous earth for the production of aluminium. Instead of the easy disturbed pneumatic deashing and the watereconomically not reasonable hydraulic deashing of the highpower stations, the granulation of the ash diminishes the volume of the deposits and facilitates the transport and utilization of the ash will be practised more and more in future.

Literatur

BILKENROTH, G.: Braunkohlenenergie und Braunkohlenveredlung. — Freiberger Forschungshefte A 61, Akademie-Verlag Berlin, 1956.
BÜLOW, K. von: Der Mensch leitet einen neuen Abschnitt der Erdgeschichte ein. — Urania-Verlag Leipzig/Jena, 1956.
ENDEL, J.: Braunkohlenflugasche Fortuna als Kalkdüngemittel. — Braunkohle, Wärme und Energie, Verlag „Die Braunkohle", Jg. 1958, S. 326.
LEIBNITZ, E.: Probleme der Nutzung von Torf und jungen Braunkohlen. — Wissenschaftliche Annalen, herausgegeben von der Akademie der Wissenschaften zu Berlin, Juni 1954.
TANNER, E.: Unterbringung und Verwertung der Asche bei Großkesselanlagen. — Mitteilungen des VEG, H. 38 (1956).
WINIGER, A.: „Bauzeitung", Zürich 1957.
— Die Kohlenwirtschaft der Welt in Zahlen. — Verlag „Glückauf", 1953

Tonvorkommen in Nordalbanien

KURT DETTE, Berlin

Im Hinterlande von Skutari sind zwei als „Kaolin" bezeichnete Tonvorkommen bekannt geworden. Das eine von ihnen liegt 12 km nordöstlich Shkodër bei Domni, das andere Kaolingebiet befindet sich 25–30 km südöstlich Shkodër im Bereich der Orte Korthpula und Kashnjet (Abb. 1). Außer diesen beiden Vorkommen, über die bereits in kurzen Notizen berichtet wurde, werden Vorkommen kaolinähnlicher Tone noch an anderen Stellen vermutet, vornehmlich im Dioritgebiet von Puka. Jedoch stehen hierüber Untersuchungen noch aus.

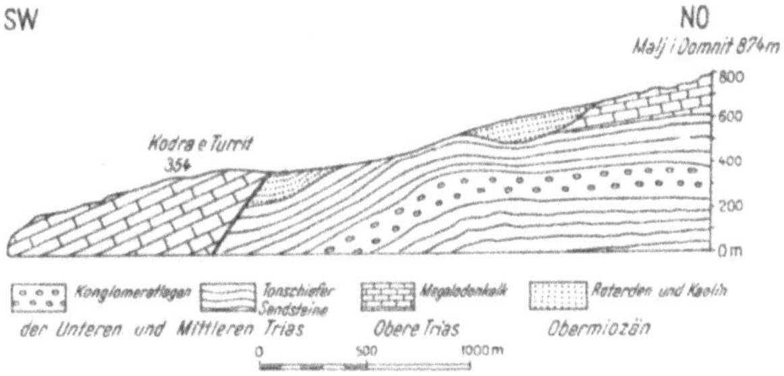

Abb. 2. Längsprofil durch die Tonvorkommen bei Domni — Nordalbanien. (Nach NDOJAJ)

1. Geologische Verhältnisse

1.1 Tonvorkommen im Raum Domni

Der Drin umfließt in einem großen nach NW geöffneten Bogen das aus Tonschiefern, Kalken und Radiolariten der Trias sowie des Unteren und Oberen Jura bestehende, bis 1722 m ansteigende „Cukali"-Massiv. An seinem NW-Rande liegt ein Triasgebiet, in welchem sich grobbankige, dichte Kalksteine der Oberen Trias (Megalodonkalke) im „Mali i Domnit" bis zu 874 m NN erheben. In einem Taleinschnitt zwischen dem Berg von Domni und dem Hügel von Turri (Kodra e Turrit) treten sehr stark gestörter alttertiärer (oligozäner) Flysch (Gjani-Schiefer) und die bei generellem Einfallen nach Westen stellenweise eng eingefalteten Schichten der Unteren und Mittleren Trias zutage.

Vorwiegend rote, nur gelegentlich auch grüne, oft reichlich feinsandige Schiefertone wechsellagern mit dünnen Kalkstein- und Kalksandsteinbänken. Sämtliche Schichten sind stark gestört und zumeist in enge Falten gelegt. In den Hangmulden findet sich der Kaolin unter eingeschwemmten, wahrscheinlich obermiozänen Roterden, die im Maximum mehr als 30 m Mächtigkeit erreichen. Sie führen reichlich Kalkstein-, Sandstein- und Tonschieferbrocken als Reste der in der Umgebung anstehenden Gesteine. Die Roterden haben in Anpassung an die Geländeform als Muldenfüllung nur geringere horizontale Erstreckung (vgl. Abb. 2). Sie sind gegenwärtig stark zertalt.

Im westlichen der i. allg. NO–SW gerichteten Wasserrisse (im ersten Tälchen östlich der Quelle Domni) sind an drei dicht benachbarten und einem nur wenige Meter hangabwärts gelegenen Punkte senkrecht stehende, feinsandige Schiefertone der Mittleren Trias kaolinisiert. Das grünlichweiße Material des umgewandelten Gesteins hebt sich scharf aus dem Rotbraun der Schichtenfolge heraus. Die Stärke der Kaolinisierungszone beträgt 60 cm an einer Störung, sonst 12 bis 20 cm. In diesem Verband sind die Reste einer Kaolinisierung in situ zu erkennen. Das ist in Domni die Ausnahme und wurde nur an dieser einen Stelle auf jeweils wenige Meter im Streichen beobachtet.

Die Hauptmasse des Tons von Domni ist eingeschwemmt und liegt somit auf sekundärer Lagerstätte. Das Tonlager läßt alle typischen Merkmale einer Umlagerung des Materials erkennen. Häufiger Wechsel in der Horizontalen und Vertikalen beherrschen das Bild der Profile. Änderungen in Färbung und Substanz charakterisieren den Ton von Domni. Im Jahre 1950 ist das Tonvorkommen beschürft worden. Die veröffentlichten Profile (NDOJAJ 1951) zeigen bei Mächtigkeiten zwischen 1,20 m und ausnahmsweise 13 m immer wieder die Wechsellagerung von „Kaolin" und zwischengeschalteten Sand- und Lehmschichten, wie dies auch deutlich im folgenden Profil zum Ausdruck kommt.

Das folgende Bild (Abb. 3) zeigt einen Ausschnitt aus dem Wasserriß, in dem das vorstehende Profil aufgenommen wurde. Feinschichtige Tone und Feinsandlagen lassen in ihrem vielfältigen Wechsel die häufigen Schwankungen in der Materialzufuhr erkennen. Der obere Teil

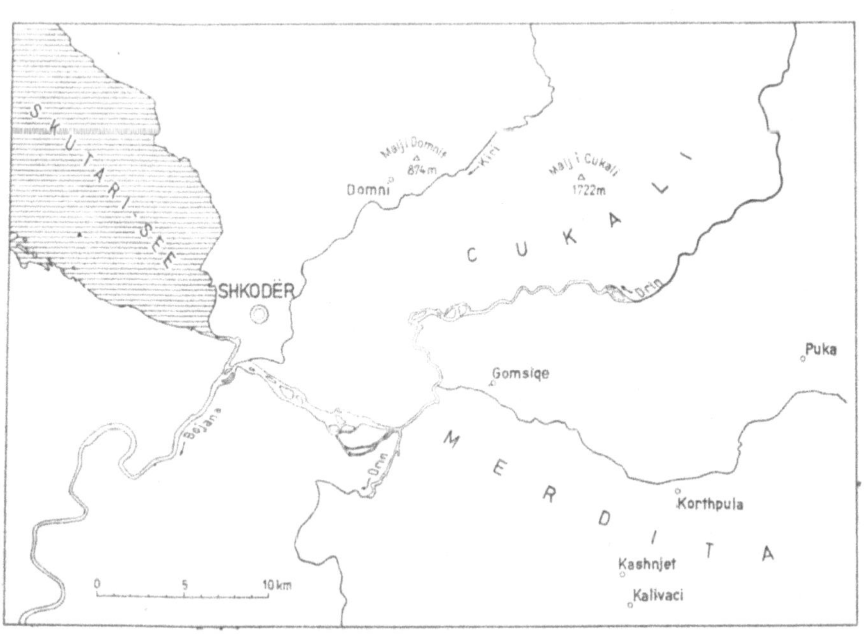

Abb. 1. Lage der Tonvorkommen in Nordalbanien

Profil Kaolin Domni
Aufnahme am 12. 10. 1957 mit Eshref Pumo[1])

Nr.	Mächtigkeit in m	Bezeichnung
1	5–6	Lehm, dunkelbraun, mit Gesteinsresten (Geröllen) bis zu 7 mm ∅ – Hangschuttboden
2	1–2	Lehm, braun, lagenweise reicherer Fein- bis Mittelsandanteil und mit einzelnen lose eingestreuten Kalksteinbrocken
3	0,2	Kalksteinschutt, kantig, in tonigem Bindemittel
4	0,10	Kaolin, gelb, schwach feinsandig
5	0,10–0,15	Feinsand, kirsch- bis dunkelrot, gering tonhaltig
6	0,10	Kaolin, graugelb, gering feinsandig
7	0,20	Kaolin, violett, linsenförmig grüngefärbt und mit Nestern von Mittelsand bis 30 mm ∅
8	0,25	Kalksteinschutt
9	0,35	Feinsand, verschiedenfarbig, violett, braun und an der Basis gelb, schwach tonhaltig
10	0,10	Sand, grau, mit Brocken von kieseligem Kalkstein
11	0,08	Mittelsand, dunkelbraun, die unteren 2 cm gelb, schwach tonhaltig
12	0,15	Kaolin, verschiedenfarbig (grün, gelb, bräunlichgrau, orange) feinschichtig in Lagen von 1–2 mm
13	0,20	Feinsand, grau, tonhaltig
14	0,20–0,25	Kaolin, Gestein wie unter 12
15	0,20–0,28	Feinsand, „ „ „ 13
16	0,10–0,15	Kaolin, „ „ „ 12
17	0,10	Fein- bis Mittelsand, grau, reichlich tonig
18	0,10	Sand, grau, reichlich durchsetzt mit Brocken von Sandsteinschiefer
19	0,20	Kaolin, Gestein wie unter 12
20	0,80–0,90	Kaolin, rot, im unteren Teil dunkelrot, mit einzelnen Geröllen von 20–30 mm ∅
21	0,30	Mittelsand, grau bis stellenweise graugrün, mit Feinsandanteil und reichlichem Tongehalt
22	0,25	Kaolin, grau und feinstreifig bunt, mit geringer Sandführung

[1]) Dem stellvertretenden Chefgeologen im Geologischen Komitee Tirana wird auch an dieser Stelle für seine Führung im Gelände und seine Hilfsbereitschaft nochmals gedankt.

der gebänderten Tonfolge (oberhalb des 40 cm langen Hammerstieles) ist durch Hangrutsch ein Stück über seine Unterlage geschoben. Verwerfungen geringeren Ausmaßes durchsetzen in der linken unteren Bildhälfte den hangwärts ansteigenden Schenkel des unteren Tonlagers.

In den tieferen Teilen des Kaolinlagers, die in Schürfgräben und bis 6 m tiefen Schürfschächten untersucht worden sind (NDOJAJ 1951), schließt sich der eingeschwemmte Kaolin zu etwas stärkeren, nicht durch Zwischenmittel unterbrochenen Lagen zusammen. Die beobachtete mächtigste, geschlossene Schicht an Kaolinton wird im Profil beim Brunnen Bajrami mit 2,40 m angegeben. Es handelt sich um verschiedenfarbigen Kaolinton aus dem „unteren Teil der Schicht" A (NDOJAJ 1951, S. 12), Als charakteristisches Profil wird noch die Aufnahme eines Schurfes mitgeteilt, wobei Schicht A, wie aus der zeichnerischen Darstellung hervorgeht (NDOJAJ 1951, S. 9 und 10), mehrfach aufgegliedert ist. Ein typischer, im Gebiet Domni überall entwickelter Horizont von 0,35 m reinem Kaolinton, der „Leithorizont", liegt ab 2,30 m über Unterkante.

Obere Kaolinschicht A	ca. 8,00 m
Zwischenschicht (steril")	ca. 1,50 m
Untere Kaolinschicht B	ca. 1,00 m
Sterile Unterlage	ca. 2,50 m

Liegend: Mittlere Trias

1.2 Tonvorkommen im Raum Kashnjet

Der Ort Kashnjet[2]) liegt im NW-Teil der Merdita, er wurde von Norden her, von Ura Gömsice aus, erreicht. Der Pfad dorthin führt an Korthpula vorüber. An beiden Orten finden sich Tonvorkommen, die durch längere, tonfreie Strecken getrennt sind. Korthpula ist eigentlich ein besonderes geologisches Vorkommen, dem jedoch erst jetzt genauere Aufmerksamkeit zugewendet worden ist. Die „Kaoline" sind an mehreren Stellen aufgeschlossen:

Raum Korthpula:

1. 200 m südöstlich der Kirche Korthpula
2. Kodra e Morosit
3. 500 m südwestlich Kodra e Morosit

Raum Kashnjet:

4. südöstlich Lalaj (= Proska e Mar Prê Bibës)
5. Proni i Nikoll Gjokës (= Proska e Pepajt)
6. Bregu i Kloses
7. Ripa e Mgjulshit (unterhalb des Hauses von Bajraktar)
8. Mullin i Kashnjeti

Weiterhin sind bei Kashnjet noch drei kleinere, geringfügige Anschnitte im Ton bekannt. Bei gleicher geologischer Position zeigen alle Profile große Ähnlichkeit, und die besuchten Vorkommen stimmen bis in Einzelheiten weitgehend überein.

Der Nordteil der Merdita besteht vorwiegend aus Peridotit, der in tektonischen Bereichen stark serpentinisiert ist. In diesen Peridotitmassiven stecken Gabbrokörper, die sich im Gelände durch das Grau der Verwitterungsfarbe ihrer Blockbedeckung von den rostbraunen Blockhalden der Peridotitkörper abheben. Im Neogen, vornehmlich im Obermiozän, wurden die Gabbromassive von ihrer damaligen Oberfläche her mehr oder minder tiefgründig vertont. Dieser tonige Gabbrozersatz gleicht äußerlich sehr weitgehend einem Kaolin, weshalb dieseTonvorkommen auch als Kaolinvorkommen bezeichnet und beschrieben werden. Die Tondecke zieht sich von den Bergrücken, von denen sie bereits zumeist wieder weitgehend entfernt ist, an den Flanken talwärts.

Zuverlässige Angaben über die Stärke der Umwandlungszone sind nicht bekannt, ihre sichtbare Mächtigkeit überschreitet häufig 10 m und erreicht in Einzelfällen die 20-m-Grenze. In einigen Aufschlüssen wurde das anstehende Gestein unter dem Gabbrozersatz sicher beobachtet (Abb. 4).

Wasserrisse und Bachläufe haben den Ton freigelegt und angeschnitten, und in einigen Profilen ist die vertonte Zone auf mehrere 100 m Länge zu studieren.

Raum Korthpula

1. 200 m südöstlich der Kirche Korthpula

Die Kaolinisierungszone erreicht maximal 8 m sichtbare Mächtigkeit. Im unteren Teil des Wasserrisses ist der Ton bereits wieder weitgehend ausgeräumt. Klüfte mit geringen Verschiebungsbeträgen sind bei der Vertonung des Gabbros erhalten geblieben.

2. Kodra e Morozit

Der Ton überdeckt die NW-Flanke des Gabbromassivs. Unmittelbar an der Hangkante liegt ein Schurf, in dem ebenso wie in einem benachbarten Wasserriß, unter der Bodenkrume sofort der Ton in situ ansteht. Seine Mächtigkeit nimmt talabwärts stark ab. Hangaufwärts einsetzende Schotter sind die Reste einer neogenen Terrasse (Abb. 4).

[2]) Im Gelände führte der Techniker Agim Tershana, dem hierdurch gleichfalls nochmals gedankt wird.

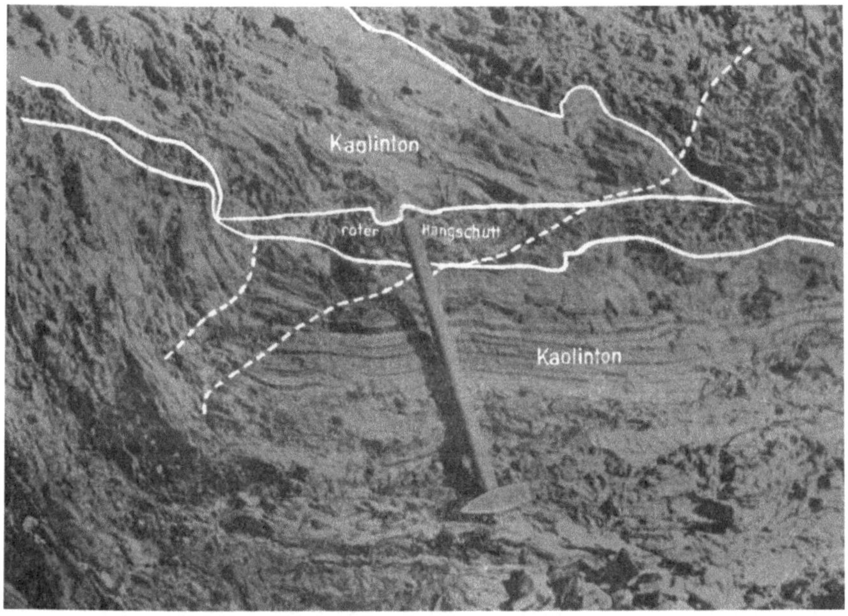

Abb. 3. Aufschluß im Tonvorkommen Domni
Aufnahme: Dr. Dette — 16. 10. 57

3. 500 m südwestlich Kodra e Morozit

Nahe der Straße ist eine kleine Mühle. Auf 40 m Länge und ca. 20 m Breite ist hier Ton aufgeschlossen. Die gesamte sichtbare Mächtigkeit beträgt 5—6 m. Unterhalb der Grubensohle geht das Kaolinlager weiter. Gabbrorelikte mit noch nicht vollständig kaolinisiertem Gesteinskern sind häufig zu finden. Von einer Kluft aus ist der weiße Ton tiefrot gefärbt. Diese ungefärbte Zone steht wie eine 30 cm breite, rote Ader in der hellen Aufschlußwand.

Einige 100 m unterhalb dieser Stelle war in einer Grube der Gabbrozersatz nochmals angeschnitten.

Aus den Vorkommen 1—3 stammen die untenerwähnten Großproben.

Raum Kashnjet

4. 400 m südöstlich Lalaj

Der Gabbrozersatz ist an seiner Oberfläche stark braun gefärbt. Er enthält zahlreiche Mineralreste, unter denen die Residuen umgewandelter Pyroxene vorherrschen. Rostflecke und eisengefärbte Adern durchsetzen den Ton. Im Ausgangsgestein schon vorhanden gewesene Verwerfungen sind auch nach seiner Umwandlung noch deutlich zu erkennen. Auf einigen ist ein dünner Belag von Roteisen abgesetzt. Die Tonmächtigkeit beträgt in einem Wasserriß 5 m. Auf diesen Aufschluß beziehen sich alle bisherigen Diskussionen. Von hier wurde auch Material entnommen und zu ersten technischen Eignungsprüfungen eingesetzt.

5. Proska e Pepajt

Der nach Westen fließende Bach hat den Nordhang des Tales entblößt. Der Kaolin besitzt blaugraue bis graugrüne Farbe, wobei der grünliche Farbton vorherrscht. Nur an wenigen untergeordneten Stellen ist das Gestein leuchtend weiß. Vom gegenüberliegenden Talhang aus heben sich dunkelgraue, horizontal verlaufende Lagen deutlich aus dem Profilanschnitt heraus.

Beanspruchungsstrukturen des Gesteins sind wiederum gut herausgearbeitet. Gesteinsreste wurden als Relikt häufig beobachtet.

6. Bregu i Kloses

Aus dem Bachbett heraus stehen bis 5 m Kaolin an. Das Material ist auf engem Raum sehr unterschiedlich ausgebildet. Die Färbung der Kaolinwand ist lagenweise unterschiedlich. Weiße und hellgraue Lagen sind deutlich braunfleckig. Der Gabbrozersatz enthält reichlich feste Anteile unzersetzter Gesteinskomponenten. Grüngraue, braunstreifige Lagen mit Gesteinsresten finden sich schon in den hangenden Partien. Über den oberen lebhaft rotgefärbten Tonlagen setzt Hangschotterboden ein.

7. Ripa e Mgjulshit — Unterhalb des Hauses von Bajraktar

550 m unterhalb des Zusammenflusses eines (auf der Karte unbezeichneten) Baches mit dem Terjanit entblößt der Hang ein Profil im Gabbrozersatz. Der äußerlich uneinheitlich erscheinende Ton besitzt im allgemeinen hellgraue Farbe und zeigt an seiner Oberfläche dichte, olivgrüne Fleckung. Die 2—8 cm großen, gestreckten Farbflecke enthalten die Restprodukte früherer Pyroxenkristalle. Im tonigen Zersatz ist noch die Klüftung des Gabbrogesteins zu erkennen. Sie ist auch hier teilweise durch Roteisenbelag unterstrichen. Vor allem enthält der Ton auch in den oberen Lagen noch häufiger Gesteinsreste, deren äußere Rinde völlig umgewandelt ist, deren Kern aber aus kaum zersetztem, noch ziemlich frischem Gestein besteht. In den oberen 4 m ist der Kaolin blutrot verfärbt. Darüber liegt 30—50 cm brauner Waldhumus. Von oben her, nach unten abnehmend, ist der gesamte Aufschluß rot überfärbt. Als Lagerstätte kann dieses Vorkommen nicht in Betracht gezogen werden. Jedoch gibt es ausgezeichnete Hinweise auf den Verlauf der Gabbrozersetzung und zeigt ein Kaolinlager in situ.

8. Gegenüber der Mühle von Kashnjet

In einem bis 15 m hohen Hangaufschluß am Bachbettrand steht 9 m grauer Gabbrozersatz an, dessen Farbe zum Hangenden mit allmählichem Übergang in lebhaftes Rot übergeht. Die gefärbte Zone ist ungefähr 4 m mächtig. Der Ton erweist sich schon im ersten Eindruck als stark wechselndes Material, das noch sehr reichlich mit Gesteinsresten durchsetzt ist. Darunter befindet sich auch ein 30 cm mächtiger, mit 55° nach NW einfallender Gang von grobkörnigem Pyroxenit, der nur wenig vertont ist und sich scharf aus der Wand heraushebt.

Alle Profile zeigen „Kaolin“ in situ, der in den unteren Teilen helle Tönung in grauer, gelber, hellbraungrauer oder grünlicher Farbe aufweist und im Hangenden von 2—5 m zumeist um 3 m mächtigem, rot gefärbtem „Kaolin“ überlagert ist, wobei die Rotfärbung das Gestein nicht gleichmäßig ergriffen hat, sondern reichlich gelbe und braune Flecken einschließt. Hierbei handelt es sich zum geringeren Teil um umgelagerten Kaolinton, in den Roterdematerial mit eingeschwemmt ist, worauf ein gewisser Sandanteil hindeutet. Überwiegend jedoch sind die oberen Partien des Kaolinlagers von Roteisenlösungen durchtränkt worden.

Auch der helle Gabbrozersatz ist nicht einheitlich gefärbt, er zeigt im bergfeuchten Zustande unregelmäßig umgrenzte, oft verwaschene, zumeist gelb-, gelegentlich auch schwarzbraune Flecken, in denen die (chloritisierten?) Residuen umgewandelter Pyroxene vorliegen. In allen beobachteten Profilen enthält der Kaolin noch Reste von Gabbro, die in jeder Größe vom Kieskorn bis zum Block vorkommen. Sie heben sich mit ihrer kaolinisierten Oberfläche nur wenig oder überhaupt nicht aus dem umgebenden Ton heraus, ihr Kern jedoch ist nur kaum angegriffenes, festes Gabbrogestein.

Bezeichnenderweise lassen sich in allen Aufschlüssen im Gabbrozersatz die Texturen des Ausgangsgesteins deutlich

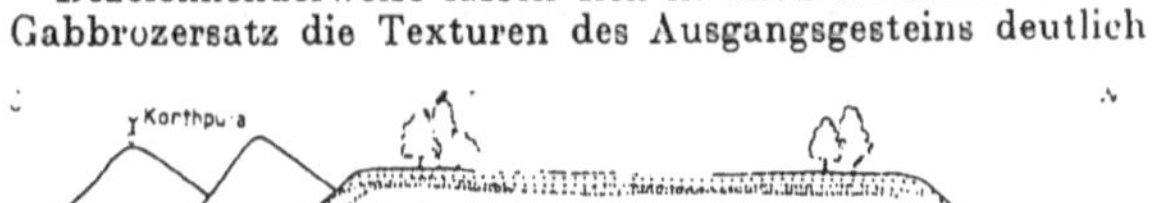

Abb. 4. Schematische Verbreitung des Gabbrozersatzes bei Korthpula am Nordrand der Merdita

wiedererkennen. Die Zersetzung des Gabbros hat Verwerfungen selbst mit geringen Verschiebungsbeträgen nicht verwischt. An einigen Stellen wurde Roteisen als dünner Belag auf Kluftflächen abgesetzt, der durch seine intensiv leuchtende Farbe ihren Verlauf lebhaft unterstreicht. Rostflecke und braune Adern im Gestein kennzeichnen Wanderung und Anreicherung des Eisengehaltes.

2. Untersuchungen des Materials

Handstückproben sowie eine Großprobe wurden in den Laboratorien der Staatlichen Geologischen Kommission, Berlin, und im Institut für angewandte Mineralogie, Dresden, umfassend untersucht.

2.1 Gabbro

Das Ausgangsgestein, aus dessen Verwitterung sich das Tonmaterial ableitet, ist ein großkörniger Gabbro (Fundort Ripa e Mjulshit). Er besteht (Untersuchung Dr. KNAUER) in der Hauptsache aus Plagioklas. Die Feldspäte liegen als Bytownit vor mit einem Anorthitgehalt von 75–80% und zeigen außerordentlich reiche Zwillingsbildungen nach verschiedenen Gesetzen. Als wesentlicher Gemengteil tritt noch Olivin auf. Die Integration ergab folgendes Bild:

Plagioklas	Pyroxen	Olivin	Verwitterungsprodukte	Punkte
83	6	9	2	1801

Die chemische Analyse (Dr. WOHLMANN) erbrachte folgende Zusammensetzung des obigen Gabbros. Zwischen Kashnjet und Korthpula finden sich häufiger Gabbroblöcke mit schwammartig verwitterter Oberfläche. Die herausgewitterten Partien sind helle Gemengteile. Das Gestein besteht im wesentlichen aus zwei Mineralen, die sich gegenseitig phlebitisch durchdringen. Im dunklen Gemengteil liegt ausschließlich Olivin vor, der zum größten Teil serpentinisiert ist. In ihm sind Maschenstrukturen weit verbreitet. Von den Plagioklasen, deren Anorthitgehalt 84–86% beträgt, sind nur noch wenige Relikte erhalten. Sie sind nach dem Periklin- und dem Albit-Gesetz verzwillingt. Der Feldspat ist nach röntgenographischem Befund größtenteils in Prehnit umgewandelt. Chloritaggregate geringen Durchmessers sind untergeordnet vorhanden. An den Rändern der Feldspatreste treten Serizitschüppchen auf. Im Serpentin finden sich Erzanhäufungen weit verbreitet.

Arb.-Nr.: 1326/58

	%
SiO_2	44,6
TiO_2	0,2
Al_2O_3	28,3
Fe_2O_3	0,8
Cr_2O_3	0,001
FeO	1,7
MnO	0
MgO	6,4
CaO	14,2
Na_2O	1,9
K_2O	0,2
H_2O^-	0,1
H_2O^+	1,8
CO_2	0,3
P_2O_5	0,0
S	0,0
Summe:	100,5

2.2 Der Gabbrozersatz

Die aus dem Gabbro bzw. aus seinen tektonisch und hydrothermal stark beeinflußten serpentinisierten Gesteinen hervorgegangenen Tone wurden vielseitig untersucht.

Insgesamt sind (Dipl.-Ing. WAGNER) 26 DTA-Analysen durchgeführt. Nur eine Kurve vom Material aus Domni zeigt alle charakteristischen Kennzeichen einer reinen Nontronitkurve (endothermale Spitzen bei 100° und 500° C, Eindellung im aufsteigenden Ast nach 100° C sowie eine exotherme Spitze bei 900° C). Meistens jedoch erschweren Abweichungen vom Normalverlauf der Kurven ihre Deutung recht erheblich. So weist der Verlauf mehrerer Kurven neben einem Gehalt an Calzit und Chlorit auch auf Montmorillonitgehalt hin. Die Ergebnisse der DTA-Aufnahme deuten vorwiegend auf Nontronit als hauptsächlichstes Tonmineral.

Die Deutung der 27 aufgenommenen Röntgendiagramme (Diplom-Mineraloge POLLMANN) bereitet erhebliche Schwierigkeiten und läßt eigentlich sicher nur die uneinheitliche Zusammensetzung des Ausgangsmaterials erkennen. Doch auch diese Untersuchungen wiesen vor allem am Material von Lalaj auf Nontronit als Hauptbestandteil der untersuchten Tonproben hin. Daneben sind noch Anzeichen für das Vorhandensein von Halloysit, evtl. einem Mineral der Kaolinitgruppe, auf Calzit und feinen Quarz zu beobachten.

Zwei Tonproben aus dem Wasserriß 400 m südöstlich Lalaj wurden noch chemisch untersucht. Bei der spektrochemischen Analyse (Dr. OTTEMANN) hebt sich in beiden Proben Nickelgehalt hervor. Sein Nachweis ist in einer Probe stark, in der anderen Probe sehr stark. Da der Nontronit das einzige Tonmineral ist, bei dem Nickel in das Gitter eingebaut ist (SCHÜLLER: Eigenschaften der Minerale II), darf schon aus dem Befund der spektrochemischen Analyse mit großer Wahrscheinlichkeit im Nontronit die Hauptkomponente des Tonmaterials im Raum Kashnjet gesehen werden.

Die Ergebnisse der am gleichen Probematerial durchgeführten chemisch-quantitativen Untersuchung (Dr. WOHLMANN) werden mit denen von zwei Analysen zusammengestellt, die im Geologischen Komitee Tirana vorliegen. Diese Analysen sind im chemischen Laboratorium des Industrie-Ministeriums in Tirana durchgeführt.

Im Vergleich zur Normalzusammensetzung des reinen Tonerdekaolinits (PHILLIPSBORN) könnte es sich ggf. um einen durch Eisen verunreinigten Tonerdekaolinit

	Analysen Berlin		Analysen Tirana	
	Ton 400 m südöstlich Lalaj grauweiß		Kaolin Kashnjet	Kaolin Domni
	bis 0,06 mm	0,02–0,04 mm		
SiO_2	41,9	40,7	45,66	68,68
TiO_2	0,3	0,2	–	–
Al_2O_3	35,0	36,6	34,95	25,8
Fe_2O_3	1,2	3,2	0,85	2,0
MgO	1,2	1,4	3,12	–
CaO	1,3	1,4	2,10	–
Na_2O	0,7	1,4	–	–
K_2O	0,0	0,0	–	–
H_2O^-	5,7	2,2	–	–
H_2O^+	12,6	13,1	–	–
S	0,1	0,1	–	–
Rückstand	–	–	12,70	–
Summe	100,0	100,3	99,38	96,48

handeln. Wahrscheinlich liegen aber in der untersuchten Substanz mehrere Tonminerale nebeneinander vor. Eine Bestätigung des Untersuchungsbefundes durch Bestimmung der einzelnen Tonminerale im mikroskopischen Bild steht z. Z. noch aus.

Versuche zur Bestimmung der Tonmineralien durch Anfärben des Gabbrozersatzes zeigten, daß sich an seinem Aufbau Tonminerale der Montmorillonitgruppe beteiligen, daß aber kein Beidellit auftritt, wie dies nach dem Röntgenbefund evtl. vermutet werden konnte. In einigen Proben kann auch Halloysit als Tonmineral vorliegen.

Auch die im Erdbaulaboratorium bodenphysikalisch untersuchten Proben des albanischen Gabbrozersatzes (Dr. KÖHLER) unterstreichen in ihren unterschiedlichen Ergebnissen dessen wechselvolle Zusammensetzung. Zur Untersuchung gelangten vier Proben aus dem Hydrozyklonüberlauf der Großproben aus Monastyr und Morosit. Nach der Korngrößenzusammensetzung bestand das Untersuchungsmaterial aus tonigem bis stark tonigem Schluff. Der Gabbrozersatz ist kalk- und humusfrei und reagiert neutral bis schwach alkalisch. Über die weiteren bodenphysikalischen Daten unterrichtet die folgende Tabelle:

Bodenphysikalische Kennziffern
(aus Bericht Dr. Köhler vom 2. 6. 1958)

	Süd-westlich Monastyr		Südlich Morosit	
	1	2	3	4
Wasseraufnahmefähigkeit (Enslin-Wert)	95,0	93,0	134,0	123,0
Fließgrenze	55,8	58,3	81,6	78,7
Ausrollgrenze	38,3	35,9	36,6	38,7
Plastizitätszahl	17,5	22,4	45,0	40,0
Thixotroper Grenzwert				
im Wasser	4,2	4,1	5,3	5,9
in Sodalösung 1%	4,3	4,4	9,5	10,4
in Lithiumkarbonatlösung 0,5%	4,8	4,4	9,0	12,4

Nach den plastischen Kernwerten gehören die Proben 1 und 2 aus Monastyr zu den gut plastischen Tonen und die Proben 3 und 4 aus Morosit zu den hochplastischen fetten Tonen. Sie zeigen gleichfalls unterschiedliches thixotropes Verhalten. Beide letzteren Proben erreichen einen mittleren Grad von Thixotropie, eine Quellung mittleren Grades konnte nur bei Probe 4 erzielt werden.

Kürzlich wurde darauf aufmerksam gemacht (LIEBSCHER 1959), daß nach den Röntgendiagrammen und den DTA-Kurven im albanischen Gabbrozersatz möglicherweise auch ein Fireclay-Mineral vorliegen könnte. Diese Minerale gehören zur Kaolinit—Halloysit-Gruppe, sie unterscheiden sich vom Kaolinit durch einen geringeren Ordnungszustand ihres Kristallgitters. Das technische Verhalten der Fireclay-Minerale ist noch nicht bekannt.

Abschließend läßt sich nur feststellen, daß eine sichere, eindeutige Bestimmung der Tonminerale, die den albanischen Gabbrozersatz aufbauen, bis jetzt noch nicht vorliegt. Die Ergebnisse nochmals aufgenommener und z. Z. laufender mineralogischer Untersuchungen werden in Kürze mitgeteilt.

3. Technologische Eignungsprüfungen

Die Verwendung der Tone aus dem Vorkommen Domni sowie auch aus den noch abseitiger liegenden beiden Lagerstättenteilen Korthpula und Kashnjet steht noch in den Anfängen und war z. Z. der Befahrungen über einige erste Versuche nicht hinausgekommen.

Nach den Angaben der albanischen Geologen wurden ausgesuchte, äußerlich besonders rein erscheinende Proben aus Domni und Kashnjet in China unter Benutzung von chinesischem Feldspat gebrannt. Sie ergaben dabei einen grauen, dichten Scherben.

Aus Domni sind 300 Ztr. weißer Kaolin in Shkodër für die Seifenherstellung verwendet worden, und 400 Ztr. Kaolin sind zur Gummifabrik nach Durres geschafft. Über besondere Eignungen war nichts weiter bekannt geworden.

Der Ton aus Kashnjet, und zwar aus dem Aufschluß „400 m südöstlich Lalaj", auf den sich alle bisherigen Untersuchungen und Erprobungen beschränken, hat sich bei der Ölreinigung in der Erdölraffinerie Cërrik bei Elbasan bewährt.

Dieser letzte Hinweis gab Veranlassung, den Ton von Kashnjet auf seinen evtl. Gehalt an Montmorillonit mit zu untersuchen.

In geringem Umfange besitzt der Gabbrozersatz im Rohzustand bleichende Wirkung. Er läßt sich auf üblichem Wege aktivieren, und es wurden Wirkungen einer Bleicherde mittlerer Qualität erzielt.

Eine Verarbeitung des inhomogenen und auch in seinen Eigenschaften stark wechselnden Materials begegnet bei den örtlich gegebenen technischen Möglichkeiten größeren Schwierigkeiten. Deshalb führt das Institut für Mineralogie in Dresden im Rahmen der technischen Hilfeleistung der Deutschen Demokratischen Republik Versuche zur Aufbereitung und Verarbeitung von Tonmaterial aus Korthpula durch.

Für den von den Albanern zunächst gewünschten Verwendungszweck, nämlich für die Porzellanherstellung, eignet sich der Gabbrozersatz nicht. Außerordentlich hohe Trockenschwindung, starke Brennschwindung und dadurch bedingte erhebliche Rißbildung stehen dem entgegen. Jedoch konnte ein Verfahren gefunden werden, nach dem sich der Gabbrozersatz zur Herstellung von farbigen Wandkacheln verarbeiten läßt. Die Arbeiten laufen weiter.

4. Geologische und wirtschaftliche Ergebnisse

In Nordalbanien liegen östlich Shkodër zwei Gebiete mit hellfarbigen Tonen, die unter dem Namen Kaolin von Domni und Kaolin Kashnjet bekannt sind. Das letztere Vorkommen gliedert sich in die beiden Teilgebiete Korthpula und Kashnjet auf. Der Kaolin Domni ist in Hangmulden eingeschwemmtes Tonmaterial, das aus Verwitterung von Gabbro entstanden ist.

Die Vorkommen von Korthpula und Kashnjet sind aus Gabbrokörpern hervorgegangen, die im Peridotitmassiv der Merdita stecken. Mehr oder minder zersetzte Gabbroreste, zumeist noch mit einem Kern frischen Gesteins, sind in jedem Aufschluß wiederzufinden. Die Verwitterung des Gabbros erfolgte im Obermiozän. Heute ist der Gabbrozersatz an den Flanken der Täler und Wasserrisse angeschnitten. Die oberen 3 m der Profile sind durch Roteisen intensiv gefärbt.

Am Aufbau des Gabbrozersatzes beteiligen sich verschiedene Tonmineralien. Der Hauptteil besteht aus Nontronit. In einzelnen Lagen besitzt der Gabbrozersatz geringe Quellfähigkeit.

Das Tonmaterial läßt sich zu einer Bleicherde mittlerer Qualität aktivieren. Wegen hoher Trocken- und Brennschwindung eignet es sich nicht für feinkeramische Zwecke, im besonderen nicht für den gewünschten Einsatz zur Porzellanherstellung. Dagegen zeigten die ersten Versuche zur Herstellung farbiger Wandkacheln gute Ergebnisse.

Zusammenfassung

Im Hinterland von Shkodër sind in Nordalbanien vor allem am Nordrand der Merdita Tonvorkommen bekannt. Im Oberlauf der Täler stehen sie als Übergänge vom völlig umgewandelten, tonigen Zersatz bis zum anstehenden Gabbro an. Die mineralogische Untersuchung des Materials konnte die an seinem Aufbau beteiligten Tonminerale noch nicht eindeutig festlegen, der Hauptanteil des Gabbrozersatzes besteht aus Nontronit. Das inhomogen zersetzte Material besitzt große Trockenschwindung und hohe Brennschwindung und bereitet dadurch seiner technischen Verwendung große Schwierigkeiten. Es eignet sich zur Herstellung farbiger Wandkacheln und läßt sich zu einer Bleicherde mittlerer Qualität aktivieren.

Резюме

В лежащей за Шкодером части Северной Албании, прежде всего на северном крае Мериды, известны месторождения глин. В верхней части долин они залегают в виде переходов от совсем превратившихся разложений глин в залегающие габбро. При минералогическом исследовании материала еще не можно было точно установить глинистые минералы, участвовавшие в их образовании; преобладающая часть разложения габбро состоит из нонтронита. Материал, имеющий неоднородный состав, обладает большой потерей сухости и топливности, поэтому его техническое использование связано с большими трудностями. Он пригоден для изготовления цветных облицовочных плиток и может быть активирован в отбельную землю среднего качества.

Summary

In the backland of Shkodër in North Albania especially on the northern boundary of the Merdita deposits of clay are known. In the upper part of the valleys they occur in transitions from totally transformed clayey decomposition products to the gabbro. The mineralogical investigation of the material could not definitely clear up the structure of the clayey minerals. The major part of the decomposition products consists of nontronite. The inhomogeneously decomposed material shows a great dry shrinkage and a high combustion shrinkage and therefore offers great difficulties for technical utilization. It is suitable for the manufacture of coloured tiles and may be activated into a bleaching earth of mean quality.

Literatur

JUBELT, R.: Albanien im Blickpunkt der Geologie. – Z. angew. Geologie Bd. 3, 1957.

LIEBSCHER, W.: Bericht über mineralogische Untersuchungen an albanischem Gabbrozersatz. – Inst. f. angew. Min. Dresden, Bericht vom 26. 2. 1959.

LOUIS, H.: Die neue Karte von Albanien. – Z. d. Ges. f. Erdkunde, Berlin 1928.

NDOJAJ, I. G.: Kaolin von Domni. – Bulletin: Institut Të Shkencavet V, 1. Tirana 1951 (albanisch).

NOPCSA, F. v.: Zur Stratigraphie und Tektonik des Vilajets Skutari in Nordalbanien. – Jb. d. k. k. Geol. Reichsanst. Bd. 61, 2. Heft, Wien 1911.

NOWACK, ERNST: Geologische Übersicht von Albanien, Salzburg 1929.

POSPELOVA, A. S.: Geologische Untersuchungen auf feuerfeste Tone und Magnesite in der Volksrepublik Albanien. – Bericht Nr. 9 der Geologen-Expedition der UdSSR, Tirana 1954 (russisch), (Geologisches Komitee Tirana).

Über die Lage von Flächenelementen an geneigten Faltenstrukturen

HANSKARL BRÜHL, Halle (Saale)

Wenn eine Falte aus ihrer horizontalen Lage heraus in Richtung ihres Achsenstreichens gekippt wird (Abtauchen der Sattelachse; Kippung um a), so müssen sich gleichzeitig an allen Flächen Veränderungen der ursprünglichen Streich- und Fallwinkel ergeben. Ausgenommen davon bleiben lediglich in bezug auf die Streichrichtung die (theoretisch unendlich kleinen) Flächenelemente, die den Faltenscheitel bilden, da diese dann einen für jeden Neigungswinkel gültigen Streichwinkel aufweisen, der senkrecht zum Streichen der Faltenachse liegen muß. Im extremen Fall, d. h., wenn die Faltenachse vertikal gestellt wird, ergibt der ursprüngliche (bei horizontaler Lage gültige) Fallwinkel einen Streichwinkel, der den Betrag des ursprünglichen Streichens ± den Betrag des ursprünglichen Fallwinkels hat. Das Fallen wird dann für jedes Flächenelement 90°. Das heißt, wenn eine Falte im Streichen ihrer Achse geneigt wird, so schwenken die Streichrichtungen ihrer Flankenteile ein, und das Fallen dieser Teile wird steiler. Um die Verhältnisse quantitativ zu erfassen, werden einige Überlegungen an Hand eines Kugeloktanten getroffen (Abb. 1).

Die Streichrichtung eines horizontalen Sattels falle mit der vertikalen Projektion von B C zusammen, und ein Flächenelement der Flanke (P) weise das Fallen B P auf. Dann wird bei Neigung der Sattelachse in Richtung C um den Betrag B C = a das zugeordnete Flächenelement um den gleichen Winkel auf dem Kleinkreis von P nach A wandern. Damit ergibt sich eine Differenz des Streichens im Betrage des Winkels α, und das Fallen vergrößert sich um den Betrag AB—BP. Der daraus resultierende Fallwinkel ist gleich AB. Aus dem rechtwinkligen sphärischen Dreieck ABC lassen sich alle interessierenden Beziehungen einfach ableiten. Die Ergebnisse sind unter Abb. 1 dargestellt.

Die gegenseitige Abhängigkeit dieser vier Größen graphisch darzustellen, ist durch die folgenden zwei Nomogramme möglich (Abb. 2 u. 3).

1. Wenn die Quadranten zweier SCHMIDTscher Netze, eines davon in Pollage und das andere in Äquatoriallage, aber um 90° gedreht, übereinanderprojiziert werden, so erhält man die Projektion des eben diskutierten Oktanten (Abb. 2). Es ist dabei gleichgültig, ob von einem Oktanten der oberen oder der unteren

Halbkugel ausgegangen wurde, da die Verhältnisse analog sind. Wenn eine Flankenfläche bei horizontaler Achsenlage der Faltenstruktur beispielsweise mit 14° einfällt (beliebig in welcher Richtung), was auf der oberen waagerechten Reihe der Winkelwerte ablesbar ist, und nun die Faltenachse um 22° geneigt wird, abzulesen auf der linken vertikalen Reihe der Winkelwerte (d. i. im Netz mit Äquatoriallage), so erhält die Fläche eine Lage bei O.

Die dieser neuen Flächenlage entsprechenden Streich- und Fallwinkel werden im Pollagennetz abgelesen. Es erscheint nunmehr ein Fallwinkel von 25°, abzulesen in der horizontalen oder vertikalen Reihe der Winkelwerte,

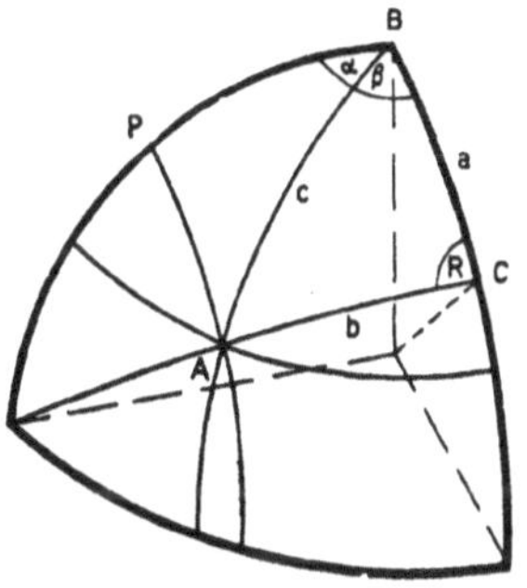

Abb. 1. Aus dem rechtwinkligen sphärischen Dreieck ABC lassen sich folgende Beziehungen ableiten:

Gegeben: a und b	α und c
Gesucht: α und c	a und b
$\cos c = \cos a \cos b$	$\operatorname{tg} a = \operatorname{tg} c \sin \alpha$
$\operatorname{ctg} \alpha = \operatorname{tg} b / \sin a$	$\sin b = \cos \alpha \sin c$

und ein neuer Streichwinkel (d. h. die Differenz vom ursprünglichen zum neuen Streichwinkel) von 55°, abzulesen an den Winkelwerten längs der Peripherie dieser Netzkombination.

Das umgekehrte Beispiel, wonach aus dem gemessenen Fallwinkel und aus der Differenz zwischen dem zugehörigen Streichwinkel und dem bekannten Streichen der eintauchenden Faltenachse das Einfallen bei horizontaler Achsenlage und auch der Neigungsgrad der Faltenachse abgelesen werden kann, ist ebenso, und zwar im umgekehrten Verfahren, aus der Abb. 2 zu entnehmen.

2. Eine andere Möglichkeit, die Verhältnisse auf graphische Art zu überschauen, erhellt aus Abb. 3. Sie sei mit gleichen Winkelwerten an einem Beispiel erläutert. Bei ungeneigter Faltenachse habe eine Fläche den Fallwinkel von 14° (obere horizontale Zahlenreihe). Bei einer Neigung der Faltenachse um 22° wird vom Wert „14" heruntergelotet bis zu dem Wert 22 in der Kurvenschar mit der Bezeichnung „Neigungsbetrag der Faltenachse" und dann horizontal nach rechts gefluchtet, bis der Wert 14 in der weiten Kurvenschar (gestrichelte Kurve) bei O erreicht ist. Nun ist an der linken vertikalen Zahlenreihe der Wert des neuen Streichens von 55° und an der unteren horizontalen Zahlenreihe der neue Fallwinkel von 25° abzulesen.

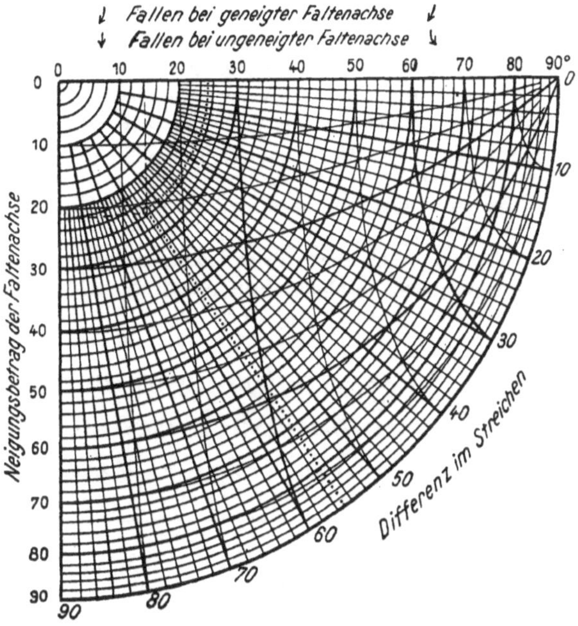

Abb. 2. Streichen und Fallen der Schichtung bei geneigter und ungeneigter Faltenachse

Beispiel: Gegeben sind

Streichen der Faltenachse	B	60°	Streichdifferenz zw. B. u. ss 55° (O)
Streichen der Schichtfläche	ss	5°	
Fallen der Schichtfläche	ss	25°	
Daraus resultieren:			
Fallen der Schichtfläche	ss	14°	
Neigung der Faltenachse	B	22°	

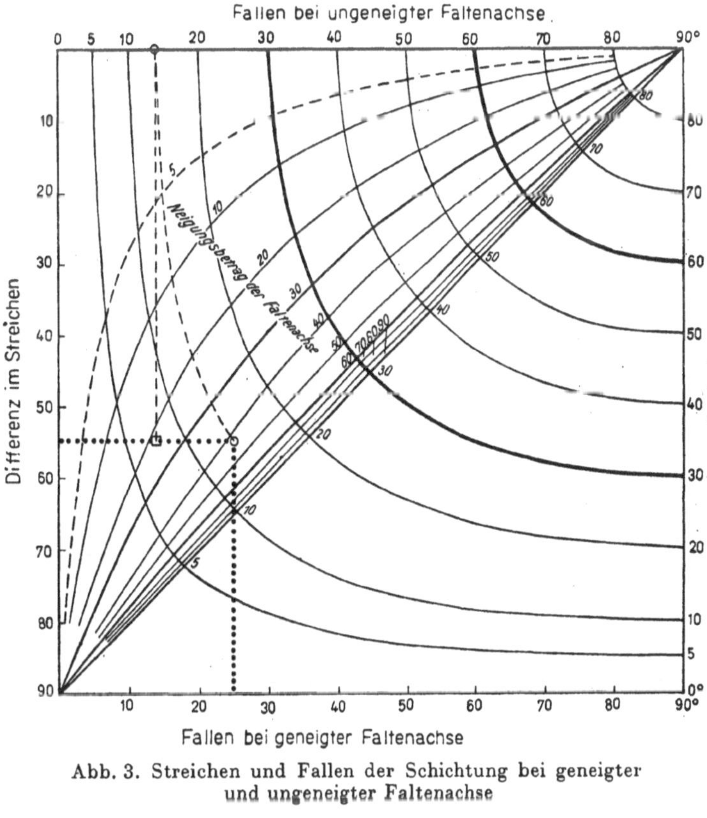

Abb. 3. Streichen und Fallen der Schichtung bei geneigter und ungeneigter Faltenachse

Beispiel: Gegeben sind

Streichen der Faltenachse	B	60°	Streichdifferenz zw. B u. ss 55° (O)
Streichen der Schichtfläche	ss	5°	
Fallen der Schichtfläche	ss	25°	
Daraus resultieren:			
Fallen der Schichtfläche	ss	14° (O)	
Neigung der Faltenachse	B	22° (□)	

Das Verfahren, aus den im Gelände gemessenen Werten das Einfallen der Faltenachse und den theoretischen Fallwinkel bei ungeneigter Faltenachse unter der vorausgesetzten Kenntnis des Generalstreichens der zugehörigen Struktur — die meist aus dem Kartenbild hervorgeht — zu ermitteln, geschieht auf demselben Weg rückwärts.

Dabei ist es gleichgültig, ob es sich um Mulden oder Sättel handelt.

Es erscheint auf diese Weise leicht, zu überprüfen, ob die gemessene Streichrichtung einer Schichtfläche, die eine Differenz gegenüber der erwarteten Richtung aufweist, bei einem möglichen Eintauchen der Faltenachse dieser Faltenstruktur zugeordnet werden kann oder nicht.

Literatur

GÄRTNER, H. R. v.: Die geometrischen Beziehungen zwischen Schieferung und Faltenachsen. — Z. deutsch. geol. Ges. 104, S. 69—93, Hannover 1953.

LANDERIJK, J. E. J. M. van: Nomograms for geological problems. — Geologica Ultraiektina No. 2, Utrecht, 1927.

PHILLIPS, F. C.: The use of Stereographic projektion in Structural Geology. — London 1954.

Wasserbohrungen im nord- und mittelsächsischen Porphyrgebiet

RUDOLF HOHL, Freiberg (Sa.) & LOTHAR EISSMANN, Leipzig

Einleitung

Wo sich über dem festen Gebirge in Nordwest- und Mittelsachsen mächtigere tertiäre und vor allem pleistozäne Lockermassen erhalten haben, besteht im allgemeinen keine Veranlassung, Wasser aus dem tieferen Untergrund zu erschroten. Besonders stellen die pleistozänen Schotterterrassen meist ergiebige Grundwasserspeicherstätten dar, die mannigfach genutzt werden. Dort aber, wo Deckenergüsse porphyrischer Gesteine des Unterrotliegenden größere Flächen einnehmen und zutage stehen oder nur von einer geringmächtigen Lehm- oder Lößdecke verhüllt werden, stößt die Wasserversorgung für Mensch und Wirtschaft oft auf erhebliche Schwierigkeiten. Es scheint daher nur natürlich, daß besonders in früheren Jahren gerade in diesem Gebiet manche Tiefbohrungen auf Grund von haltlosen Angaben von Rutengängern angesetzt wurden, von denen wegen zahlreicher Mißerfolge leider nur ein kleiner Teil bekannt geworden ist. Wer schon den Schaden hat, sorgt nicht gern selbst noch für den Spott. Der Geologe wird hier oft nur vor zu großen Hoffnungen warnen und von vornherein aussichtslose Bohransatzpunkte verwerfen können.

R. GRAHMANN (1942) führt in seiner Arbeit über die sächsischen Grundwässer in einer Tabelle der Brunnenergiebigkeitsmaße (früher spezifische Ergiebigkeit) u. a. auch 4 Wasserbohrungen in Porphyren verschiedener Gebiete an, von denen eine erfolglos blieb (143 m tiefer Brunnen in Augustusburg/Erzgeb.), während die 3 anderen nur 0,03—0,2 l/s Wasser je Meter Absenkung geliefert haben. Schon daraus geht hervor, daß die Porphyre im ganzen wenig wasserhöffige Gesteine sind. Langjährige Beobachtungen (R. HOHL) im nord- und mittelsächsischen Porphyrgebiet haben aber gelehrt, daß Porphyre und Porphyrgesteine in hydrogeologischer Hinsicht durchaus nicht einheitlich bewertet werden dürfen. Es gibt darunter solche, in denen eine Wasserbohrung von vornherein so gut wie erfolglos ist, während andere Arten durchaus Wasser zu spenden vermögen.

Nebenstehende Tabelle 1 soll zunächst einen Überblick über die Bildungen des Unterrotliegenden des behandelten Gebietes vermitteln.

Tabelle 1. (nach PIETZSCH 1956, S. 82)

Unterrotliegendes	Obere Abteilung	7. Pyroxen-Granitporphyr 6. Pyroxen-Quarzporphyr 5. Oberes Tuffrotliegendes mit Rochlitzer Porphyrtuff und mit Frohburger und Buchheimer Quarzporphyr 4. Grimmaer Quarzporphyr 3. Rochlitzer Quarzporphyr
	Untere Abteilung	2. Unteres Tuffrotliegendes mit Rüdigsdorfer Tuff, Leisniger und Seifersdorfer Quarzporphyr und mit Porphyrit und Porphyrittuff 1. Basalsedimente: Konglomerate, Sandsteine und Letten

Die Wasserführung einiger nordsächsischer Porphyre

Als kennzeichnende Beispiele seien der über größere Flächen zutage stehende und stellenweise wohl über 100 m mächtige Pyroxen-Quarzporphyre im Raum Grimma—Leipzig—Hohburger Berge—Mutzschen, die am weitesten verbreiteten Ergüsse des Rochlitzer Quarzporphyrs von zum Teil bis 400 m Mächtigkeit und der stellenweise mindestens 130 m mächtige Leisniger Quarzporphyr im Raum Döbeln—Leisnig—Colditz besprochen, dazu die sogenannten Gangporphyre.

a) Pyroxen-Quarzporphyr

Das im einzelnen bezüglich seines Pyroxengehaltes bis ins Handstück recht unterschiedliche, graue bis graugrünliche oder auch schwärzliche Gestein ist sehr fest und zäh. Wegen seiner Frische wird es an vielen Stellen als Schotter, zur Splitterzeugung und auch als Kleinpflasterstein gewonnen. Steinbrüche im Pyroxen-Quarzporphyr zeichnen sich im allgemeinen durch große Trockenheit oder äußerst geringe Wasserführung aus, so daß die Wasserhaltung vernachlässigt werden kann oder zumindest keinerlei Schwierigkeiten bereitet. Lediglich in den obersten Metern nahe der Oberfläche löst sich das Gestein unter dem Einfluß der Verwitterung mitunter in plumpe Blöcke auf oder zerfällt an der Luft gelegentlich zu einem lockeren Grus. Überall steht aber bereits in geringer Tiefe fester Felsen an. Die zum Teil zahlreichen Klüfte, die eine unregelmäßig prismatische Absonderung bedingen, sind meist geschlossen, so daß keine Wasserzirkulation stattfinden kann. Wenn schon große, alte Steinbrüche mit ausgedehnten Wänden trocken stehen, erkennt man, daß auch tiefere Wasserbohrungen, die doch schließlich nur Nadelstiche darstellen, in diesem Gestein erfolglos ausgehen müssen und nicht durchgeführt werden sollten. Daran ändert auch die Tatsache nichts, daß sich gelegentlich einmal ein lange Jahre auflässiger Steinbruch mit Wasser gefüllt

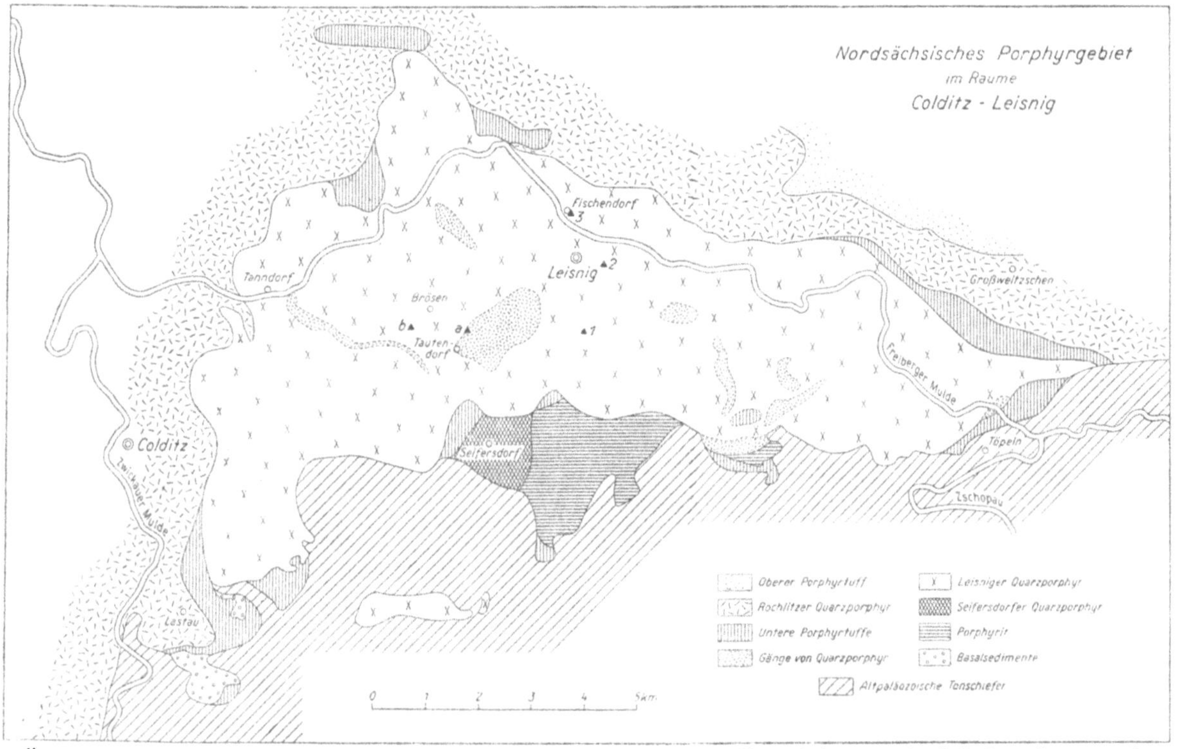

Übersichtskarte des Porphyrgebietes im Raume Colditz—Leisnig mit den Wasserbohrungen im Leisniger Quarzporphyr

hat. Wie die Erfahrung lehrt, ist der Zufluß immer so gering, daß ein Leerpumpen und die Wiederinbetriebnahme eines solchen Bruches schnell möglich sind und daher eine Nutzung eines solchen „Sees" für Zwecke der Wasserversorgung, zumindest für längere Zeit, ausscheidet. Nur dort, wo andersartige Gesteine wie Gänge von Pyroxen-Granitporphyr den Pyroxen-Quarzporphyr durchsetzen, sind örtlich die Verhältnisse etwas günstiger, weil der Pyroxen-Granitporphyr meist zu einer mehr oder weniger grusigen Verwitterung neigt.

b) Rochlitzer Quarzporphyr

Nicht ganz so ungünstig wie der Pyroxen-Quarzporphyr, aber doch praktisch fast ohne Bedeutung für die Wasserversorgung sind auch Bohrungen im Rochlitzer Quarzporphyr, der im allgemeinen rötlichbraun oder violettbraun aussieht und sich durch einen Blasenreichtum auszeichnet. Bei der Verwitterung zerfallt das Gestein zu einem tonigen Grus, der kaum Wasser abzugeben vermag. Es kommt dazu, daß besonders der Rochlitzer Quarzporphyr vielfach bis zu mehr als 20 m Stärke kaolinisch zersetzt ist und die wirtschaftlich wertvollsten Kaoline des Gebietes liefert (Kemmlitz, Börtewitz bei Mügeln, Colditz). Die verbreitete Neigung des Gesteins zu ausgesprochen toniger Verwitterung bringt es mit sich, daß auch seine Klüfte und Spalten ebenfalls durch tonige Massen abgedichtet sind und jede Wasserzirkulation unterbinden. Zwar gibt es gelegentlich Wasserbohrungen, die auch im Rochlitzer Quarzporphyr mit einem gewissen Erfolg niedergebracht wurden, aber es sind doch seltene Ausnahmen. Bei der großen Variationsbreite des Gesteins treten mitunter auch Partien auf, abhängig von Mineralbestand und Struktur, die zu reinerem, scharfem Grus (z. B. nördlich von Leisnig) verwittern oder offene Spalten aufweisen. Es ist aber — zumindest bis jetzt — noch nicht möglich, sichere Voraussagen über solche Zonen zu machen, so daß vor Wasserbohrungen im Rochlitzer Quarzporphyr ebenfalls nur gewarnt werden kann, weil sie in den meisten Fällen erfolglos ausgehen werden.

Lediglich aus einer geringmächtigen, grusigen Auflockerungszone zwischen der Kaolindecke und dem festen Gestein in größerer Tiefe ist für den Hausbedarf Grundwasser zu gewinnen, was im Mügelner Gebiet mehrfach beobachtet wurde. Gelegentlich sind darunter im festen Gestein offene Klüfte festgestellt worden, aus denen Wasser zusitzt.

c) Leisniger Quarzporphyr

Ein völlig anderes Gestein ist der dunkelrotbraune oder auch violettgraue, stärker klüftige Leisniger Quarzporphyr, in dem eine felsitische Grundmasse gegenüber den Einsprenglingen vorherrscht. Der Leisniger Quarzporphyr läßt mitunter eine lagenförmige Streifung erkennen und zeigt als Absonderungsformen weniger häufig dicke Säulen oder Blöcke als vielmehr horizontale, 0,05 bis rund 1 m starke Platten, die durch eine entsprechende Klüftung zustande kommen, der gegenüber vertikale Klüfte in den Hintergrund treten. Im Gegensatz zu den meisten übrigen Porphyren des Gebietes neigt der Leisniger Quarzporphyr zu tiefgehender, ausgesprochen grobkörniger, sandig-grusiger Verwitterung, so daß das Gestein gelegentlich sogar als „Sand" abgebaut wird. Überall, wo dieser Quarzporphyr, besonders im Leisniger Raum selbst, an Talgehängen zutage steht, fällt seine lockere Beschaffenheit, sein kennzeichnender, grusiger Zerfall auf. Es lag nahe, diese hydrogeologisch günstigen Eigenschaften durch Bohrungen zu untersuchen, zumal in diesem Gebiet mit seinen kleinen oberflächlichen Einzugsgebieten und tief eingeschnittenen Tälern, besonders bei den auf der Hochfläche gelegenen Dörfern, während der trockenen Sommer- und Herbstmonate ein erheblicher Wassermangel besteht. Beobachtungen an einigen Boh-

Tabelle 2. Übersicht über Wasserbohrungen im Leisniger Quarzporphyr

Nr.	Auftraggeber und Lage der Bohrung	Tiefe m	Decke über Leisniger Quarzporphyr m	Ruhewasserspiegel unter Flur m	Entnahmemenge l/s (m^3/h)	Absenkung d. Wasserspiegels m	Brunnenergiebigkeitsmaß l/s . m
1.	1940 – Molkereigenossenschaft Clennen 1 km südlich Leisnig	60,0	16,0	21,0	4,4 (16 m^3)	6,35	0,69
2.	1946 – Vereinigte Leisnig – Fischdorfer Brauereien (Simonbrauerei Leisnig)	60,0	0,4	17,50 (nach Klarpumpen)	5,6 (20 m^3)	?	?
3.	1950 – Molkereigenossenschaft GmbH Fischendorf	65,0	6,5	4,0	5,6 (20 m^3)	6,0 (?)	36,0 (?)

rungen und flacheren Hausbrunnen ließen von vornherein von Wasserbohrungen einen gewissen Erfolg erhoffen.

d) Gangporphyre

Der Leisniger Quarzporphyr, seltener auch der Rochlitzer Quarzporphyr, wird vielfach von Gangporphyren mit wechselnder Streichrichtung durchsetzt. Im allgemeinen sind es rötliche bis grünliche einsprenglingsarme Gesteine mit einer felsitischen, in der Regel stärker zersetzten Grundmasse, deren Charakter megaskopisch vielfach an eine Propylitisierung erinnert, zum Beispiel bei der Zöllnermühle östlich von Tanndorf. Die meisten Gangporphyre verwittern leicht und tiefgründig zu einer grusig-sandigen Masse, die zumindest teilweise feinkörniger zu sein scheint als das Verwitterungsprodukt des Leisniger Quarzporphyrs. Unter diesen Umständen erscheinen auch die Gangporphyre dort, wo sie weiter verbreitet sind, für Wasserbohrungen erfolgversprechend.

Wasserbohrungen im Leisniger Quarzporphyr in den Jahren 1940 bis 1950

Bei Arbeiten im nord- und mittelsächsischen Porphyrgebiet sind in der engeren Umgebung von Leisnig drei tiefere Wasserbohrungen im Leisniger Quarzporphyr bekannt geworden, die als Meißelbohrungen niedergebracht wurden und deren Schichtenverzeichnisse auch in den Akten des Bohrarchivs des Geologischen Dienstes Freiberg aufbewahrt werden (Tab. 2).

Bei den unter 2. und 3. angeführten Bohrungen wird vom Bohrmeister angegeben, daß das Wasser aus Spalten in verschiedener Tiefe zugelaufen sei. Aus den Ergiebigkeitsmessungen an den Brunnen geht hervor, daß eine Entnahme von 15—20 m^3/h (4—6 l/s) möglich erscheint, wenn auch das Brunnenergiebigkeitsmaß unterschiedlich ist. Allerdings muß bemerkt werden, daß es sich durchweg um Bohrmeisterangaben handelt, die nicht in jedem Fall zuverlässig sind.

Wasserbohrungen 1958

Unter Berücksichtigung der vorliegenden Erfahrungen wurden seitens der Staatlichen Geologischen Kommission im Jahre 1958 zwei Meißelbohrungen von 70 bzw. 80 m Tiefe mit einem Salzgittergerät im Tal des Schanzenbaches, einem Nebenbach der Freiberger Mulde, bei Brösen und Tautendorf westsüdwestlich von Leisnig durchgeführt und an jeder Bohrung 100stündige Dauerpumpversuche vorgenommen. Beide Bohrlöcher wurden in der passiven Grundwasserzone im Sinne von KEILHACK angesetzt, da bei früheren Wasserbohrungen im Döbelner Gebiet alle zu hoch angesetzten Bohrlöcher keinen Erfolg gebracht haben.

Bohrloch a stand unter rd. 10 m mächtigem tonigschluffigem Lehm und Geröll in einem grauen bis rötlichen, gut bohrbaren, porösen, feinkörnigen, sandiggrusigen Zersatz eines grundmassearmen Gangporphyrs, der ab 55 m Tiefe eine grünliche Farbe aufwies und an Hand nachgefallener Stücke bis zur Endteufe ausgesprochen grusig blieb. Der Wasserspiegel schwankte beim Bohren mehrfach, was mit einem in verschiedener Tiefe unterschiedlichen Wasserzulauf im Zusammenhang stehen dürfte. Das Bohrloch wurde wegen Nachfalls bis zur Endteufe ausgebaut und mit einer Kiesschüttung von 7—15 mm versehen. Um das Eindringen oberflächennahen Grundwassers der Talaue möglichst auszuschließen, erfolgte bis in 9 m Tiefe eine Abdichtung mit Ton. Bei Beginn des Dauerpumpversuches lag der Ruhewasserspiegel bei 1,63 m unter Gelände. Er wurde bei der letzten, höchsten Entnahmemenge von 5,2 l/s bis auf 6,96 m unter Gelände, also um 5,33 m, abgesenkt. Bei einer Wassertemperatur von 9,6° C wurde das Brunnenergiebigkeitsmaß zu rd. 1 l/s · m bestimmt. Der Ruhewasserspiegel war nach einem Tage wieder erreicht. Wenn auch der Pumpversuch infolge zu schwacher Pumpenleistung nicht weitergeführt werden konnte, steht fest, daß eine Dauerentnahme von rd. 5—8 l/s (etwa 18—30 m^3/h) durchaus möglich sein dürfte.

Chemisch handelt es sich um ein schwach sauer reagierendes, weiches bis mittelhartes Wasser mit erhöhtem Eisengehalt und reichlich aggressiver Kohlensäure, ohne jeden Hinweis auf irgendwelche Verschmutzungen, so daß vom chemisch-hygienischen Standpunkt aus gegen eine Verwendung des Wassers als Trinkwasser keinerlei Bedenken bestehen (Tabelle 3). Das Bohrloch wurde von der Stadt Leisnig übernommen und der Wasserversorgung nutzbar gemacht.

Beim Bohrloch b lagerte bereits unter 3 m Lehm der Talaue aufgelockerter Leisniger Quarzporphyr, der bis zur Endteufe von 80 m an Hand des Bohrfortschrittes und nach ausgebrachtem stückigem Bohrgut teils stärker, teils weniger grusig bis fest beschaffen war. Der Wasserspiegel wurde bei etwa 3 m Tiefe angeschnitten, stieg aber infolge leichter Spannung sofort bis auf 1,5 m unter Gelände an. Hinweise auf einen unterschiedlichen Wasserzudrang in verschiedener Tiefe liegen nicht vor. Das Bohrloch mußte wegen Nachfall ebenfalls ausgebaut werden; auch hier wurde eine Kiesschüttung 7—15 mm eingebracht; bis in 5 m Tiefe wurde es mit Ton abgedichtet.

Bei zwei Beharrungszuständen eines 100stündigen Dauerpumpversuches konnte das Brunnenergiebigkeitsmaß mit 0,4 l/s · m berechnet werden, wobei bei einer Entnahmemenge von 4,2 l/s (rd. 15 m^3/h) eine Absenkung des Ruhewasserspiegels von 9,33 m gemessen wurde.

Auch hier dürfte eine Dauerentnahme von 5—6 l/s (rd. 20 m^3/h) durchaus möglich sein.

Die Temperatur des geförderten Wassers schwankte zwischen 10,4 und 10,7° C. Auch bei dieser Bohrung erfolgte der Wiederanstieg des Wasserspiegels nach Beendigung des Pumpversuches verhältnismäßig rasch. Es scheint, als ob der Leisniger Quarzporphyr hier sowohl freies als auch gespanntes Grundwasser führte. Dabei findet sich freies Wasser besonders in den oberen, grusig zersetzten Teilen des Gesteins, während mehr oder weniger gespanntes Wasser wohl aus tieferen Spalten des festeren Quarzporphyrs zusitzt.

Chemisch handelt es sich um ein neutral reagierendes mittelhartes bis hartes Wasser mit erhöhtem Gehalt an Eisen und aggressiver Kohlensäure, ohne Verschmutzungsindikatoren, so daß auch hier gegen eine Verwendung für den menschlichen Genuß von chemisch-hygienischem Standpunkt aus keinerlei Einwendungen gemacht werden (Tabelle 3).

Tabelle 3. Chemische Wasseranalysen der Wasserbohrungen 1958

Analyse mg/l bzw. Härtegrade	Bohrloch a	Bohrloch b
pH-Wert	6,5	7,0
Chlorid	20,9	32,7
Sulfat	50,2	85,0
Mangan	0,3	0,2
Eisen	2,4 (unfiltr.)	0,6 (unfiltr.)
	0,1 (filtr.)	0,2 (filtr.)
Permanganatzahl	1,9	2,8
Freie Kohlensäure	38.5	57,2
Gebundene Kohlensäure	48,4	115,5
Aggressive Kohlensäure	27,5	8,8
Karbonathärte	8,5	14.7
Nichtkarbonathärte	6,2	4.6

Das Bohrloch wurde für Leisnig und die auf der Hochfläche gelegene Gemeinde Brösen, 40—50 m oberhalb des Schanzenbachtals, übernommen, zumal die Wasserversorgung von Brösen durch flache Hausbrunnen (Kesselbrunnen) sehr ungünstig ist.

Schlußfolgerungen

Im Gegensatz zu dem harten und frischen Pyroxen-Quarzporphyr mit meist geschlossenem Kluftsystem und dem vorwiegend tonig verwitternden, vielfach tiefgründig kaolinisch zersetzten Rochlitzer Quarzporphyr erweisen sich besonders der Leisniger Quarzporphyr, aber auch die ihn gelegentlich durchsetzenden Gangporphyre infolge tiefgründiger, ausgesprochen grusig-sandiger Verwitterung und vorhandener offener Spalten im festen Gestein größerer Tiefe als wasserhöffig. Nur in solchen Porphyren versprechen Wasserbohrungen Erfolg, unter der Voraussetzung, daß sie möglichst in Talsohlen, zumindest aber nicht zu hoch im Gelände angesetzt werden. Das Brunnenergiebigkeitsmaß wurde mit rd. 0,4—1 l/s · m ermittelt, wobei der Gangporphyr noch günstigere Ergebnisse liefern dürfte als der Leisniger Quarzporphyr. Im Mittel darf man in diesen Gesteinen bei tieferen Bohrungen mit Brunnenleistungen von rd. 5—6 l/s (etwa 20 m^3/h) rechnen. Die Wässer weisen einen etwas erhöhten, größtenteils aber durch Filtration entfernbaren Eisengehalt und aggressive Kohlensäure auf. Ihre Temperatur liegt um etwa 10° C. Beobachtungen während der Bohrarbeiten deuten darauf hin, daß Bohrtiefen von rd. 50—60 m am zweckmäßigsten sind, da in größerer Tiefe der Wasserzudrang erheblich nachzulassen scheint.

Zusammenfassung

Die Autoren beschreiben die Wasserführung nordsächsischer Porphyre und bringen detaillierte Angaben über die Wasserbohrungen, die in den Jahren 1940—1958 auf ihnen niedergebracht wurden. Nur die Porphyre, die tiefgründige, ausgesprochen grusig-sandige Verwitterung und offene Spalten im festen Gestein aufweisen, sind wasserhöffig.

Резюме

Авторы описывают водоносность северосаксонских порфиров и дают подробные сведения о бурениях на воду, которые там были проведены в 1940—1958 гг. Только те порфиры, которые показывают глубокую, явно рыхлопесчаную выветрелость и открытые трещины в твердой породе, являются водоперспективными.

Summary

The authors describe the aqueous porphyries of northern Saxony and give detailed informations about the water drillings brought down from 1940 till 1958. Only the porphyries showing a profound and definite slacky-sandy weathering and open fissures in the compact rocks are water-bearing.

Literatur

EISSMANN, L.: Ergebnisbericht über zwei hydrogeologische Bohrungen im Mittelsächsischen Porphyrgebiet bei Leisnig, Kreis Döbeln, 1954. — Archiv der Staatl. Geol. Kommission, unveröffentlicht.
GRAHMANN, R.: Die Aufnahme der Grundwässer im Lande Sachsen. — Jhb. des Reichsamtes f. Bodenforschung Bd. 63, 1942.
HOHL, R.: Verschiedene Gutachten über Fragen der Wasserversorgung in Nord- und Mittelsachsen. — Archiv der Staatl. Geol. Kommission, unveröffentlicht.
PIETZSCH, K.: Abriß der Geologie von Sachsen, 2. Aufl. Berlin 1956.
Geol. Spezialkarte von Sachsen Bl. Nr. 45 Leisnig—Hartha, mit Erl. — 1. Aufl. von R. CREDNER und E. DATHE. — 2. Aufl. von TH. SIEGERT, Leipzig 1899.

Vorläufer moderner Baugrundkarten

RICHARD KÖHLER & ALFRED THOMAS, Berlin

1. Einige Entwicklungslinien der Kartierung für die Zwecke der angewandten Geologie, der Landwirtschaft und des Bauwesens

1.1 Geologische Karten und Bodenkarten

Seit langem hat sich der Mensch bemüht, die stoffliche Zusammensetzung der obersten Schichten der Erdkruste nicht nur in naturwissenschaftlicher Hinsicht, sondern auch für die praktischen Bedürfnisse auf Karten wiederzugeben. Zunächst standen bei der Anfertigung solcher Karten die Belange des Bergbaues im Vordergrund. Erst als sich um die Mitte des vorigen Jahrhunderts die langgehegten Wünsche zu verwirklichen begannen, außer dem geologisch schon gut erforschten Gebirgsland nun auch das „Schwemmland", also das mit Lockergesteinsmassen bedeckte Flachland, aufzunehmen, haben Erörterungen darüber stattgefunden, wie man die Darstellung der oberen Schichten der Erde nicht nur in geologischer und bergbaulicher Hinsicht, sondern auch im Hinblick auf die sonstigen praktischen Erfordernisse bewerkstelligen solle. Aufsehen erregte 1858 das erste Blatt der geologischen Karte von Holland 1 : 200000. In den sechziger Jahren bemühten sich die deutschen Geologen darum, für die Kartierung den Maßstab 1 : 25000 durchzusetzen, und in den siebziger Jahren gelang es ihnen nach jahrelangen Vorversuchen und zahlreichen Verhandlungen, die geologische Kartierung im Maßstab 1 : 25000 auf das Flachland auszudehnen. Die Verwendbarkeit der herzustellenden Flachlandkarten auch für die Zwecke der Landwirtschaft wurde offenbar von Anfang an als ein wichtiger Punkt angesehen. Daher wurden zu den Beratungen, die zur Schaffung der geologisch-agronomischen Karte des Norddeutschen Flachlandes geführt haben, außer den Geologen auch Vertreter der Land- und Forstwirtschaft hinzugezogen. Als diese Beratungen 1878 erfolgreich abgeschlossen wurden, waren damit gleichzeitig auch die Grundsätze festgelegt, die ein Dreivierteljahrhundert lang für die Flachlandkartierung maßgebend geblieben sind. Dies geht z. B. noch aus der 1952 erschienenen Karte von Sylt deutlich hervor. Die Nutzanwendung der Karten im Maßstab 1 : 25000 für die Erkundung und Auffindung nutzbarer Steine und Erden, insbesondere für die Bauwirtschaft, ergab sich von selbst. An die Darstellung des Baugrundes als Standort für Bauvorhaben wagte man sich jedoch nicht heran. Wie eine Analyse des etwa aus der Zeit zwischen 1850 und 1950 vorliegenden Materials ergeben hat, ist neben der geologischen Kartierung keine ingenieurgeologische Kartierung betrieben worden, und es waren bis zur Mitte des 20. Jahrhunderts keine gedruckten ingenieurgeologischen Karten vorhanden (KÖHLER & THOMAS 1958).

Die Mitarbeit der Geologen bei der Siedlungsplanung und Bauprojektierung geschah meist in Form von Einzelgutachten, die auf Grund spezieller Erkundungen und Untersuchungen abgegeben wurden. Weitere Unterlagen für diese Zwecke wurden von der Bodenkunde und Bodenkartierung geliefert. In der geologisch-agronomischen Spezialkarte von 1875 waren die beiden damaligen Hauptauffassungen kombiniert worden, deren eine den „Boden" im landwirtschaftlichen Sinne und deren andere den sogenannten „Untergrund" in den Mittelpunkt ihrer Betrachtungen stellten.

Trotz dieser Synthese liefen die Bestrebungen, den Boden für landwirtschaftliche Zwecke zu kartieren, auf eigener Bahn weiter. In den zwanziger Jahren richtete WOLFF die Aufmerksamkeit der Geologen auf die Tatsache, daß „neben der geologisch-agronomischen Kartierung, die die geologische Landesanstalt von altersher gepflegt" hatte, eine bodenkundliche Kartierung entstanden war, und STREMME schrieb 1932, daß „in der Bodenkartierung eine große, fast chaotisch anmutende Vielfalt" herrsche. Inzwischen ist die Fülle und Vielfältigkeit der Bodenkarten unübersehbar geworden.

1.2 Planungs- und Baugrundkarten auf bodenkundlicher Grundlage

Unter den verschiedenen Typen von Karten auf bodenkundlicher Grundlage befanden sich auch sogenannte „Baugrundkarten". Während die Bauwirtschaft infolge des Fehlens der erforderlichen Grundlagen dazu nicht fähig war und die Geologie wegen anders gerichteter Interessen nicht die Zeit fand, eine ingenieurgeologische Kartierung in Gang zu bringen, ging die Bodenkunde dazu über, neben den Karten für landwirtschaftliche Zwecke auch Bodenkarten für die Siedlungsplanung und Bauprojektierung zu schaffen. In der bereits erwähnten Analyse wurden die Entwicklungslinien, die von den ersten geognostischen Karten und Bodenkarten über die geologisch-agronomische Spezialkarte des Flachlandes und die bodentypologischen Karten zu sogenannten Baugrundkarten führten, untersucht, die Zusammenhänge beleuchtet und Beispiele von Bodenkarten für Planungs- und Bebauungszwecke erläutert.

1.3 Folgerungen in bezug auf die Ingenieurgeologie

Fassen wir zusammen:

a) Die geologische Kartierung hat in der ersten Hälfte unseres Jahrhunderts keineswegs auch zu einer systematischen ingenieurgeologischen Kartierung geführt, und es sind aus dieser Zeit bei uns keine gedruckten ingenieurgeologischen Karten vorhanden. (Wir sehen dabei von den ganz wenigen Versuchen ab, die nicht zu greifbaren Erfolgen geführt haben.)

b) An Stelle der fehlenden ingenieurgeologischen Karten hat die geologische Karte die Funktion eines Auskunftsmittels über Baugrundfragen übernehmen müssen. Wie bereits an anderen Orten mehrfach erwähnt worden ist, hat vor allem die geologisch-agronomische Spezialkarte des Flachlandes diese Aufgabe hervorragend erfüllt.

c) Die kartenmäßige Darstellung der oberen Erdschichten für Planungs- und Bebauungszwecke wurde vielfach von der Kartierung auf bodenkundlicher Grundlage beherrscht, wobei fast immer die Einteilung nach Bodenentstehungstypen eine wichtige Rolle gespielt hat.

So interessant die bodenkundlichen Karten für Zwecke der Siedlungsplanung und ländlichen Bebauung sein mögen und so wertvoll die geologischen Karten als Grundlage für die ingenieurgeologische Arbeit auch waren, so genügten sie allein auf die Dauer doch nicht den vom modernen Städte- und Industriebau gestellten Anforderungen. So entstand der Gedanke, außer den geologischen und bodenkundlichen Karten noch besondere Karten des Baugrundes — im eigentlichen Sinne des Wortes — zu schaffen. Hieraus entwickelte sich dann die allgemeine Forderung nach einer ingenieurgeologischen Kartierung für die Zwecke der Siedlungsplanung und Bauprojektierung. Nachstehend sollen die wichtigsten Etappen vom Beginn dieser Entwicklung an dargelegt und die markantesten Beispiele auf diesem Wege kurz beschrieben werden.

2. Einiges zur Vorgeschichte der Kartierung des Baugrundes

2.1 Einleitung

Die erste und unmittelbare Kenntnis von den Eigenschaften der oberen Erdschichten als Träger der Bauwerke erhielt der Mensch durch die sichtbare Verteilung von Fels, Boden, Sumpf und Wasser an der Tagesoberfläche. Daß dieser Augenschein nicht genügte oder gar trog, bemerkte der Mensch am ungünstigen Verhalten empfindlicher, meist turmartiger Bauten auf ungeeignetem Baugrund (Schlüters Münzturm, Turm von Pisa). So trugen die Bauerfahrungen, besonders wenn sie negativer Art waren, dazu bei, die Kenntnis vom Baugrund einer besiedelten Geländefläche zu erweitern. Erst mit der Schaffung topographischer Pläne im 19. Jahrhundert ergab sich die Möglichkeit einer genaueren geologischen Kartierung, die wiederum die Grundlage einer späteren ingenieurgeologischen Kartierung bildete. In Berlin beispielsweise wurde die Untersuchung der Baugrundverhältnisse um 1870 herum „veranlaßt durch den Wunsch, die Beschaffenheit des Baugrundes" für die Anlage des Kanalisationssystems kennenzulernen. Auch in der Stadt Moskau begann man in den siebziger Jahren des vorigen Jahrhunderts im Zusammenhang mit dem Bau des Kanalisationsnetzes und der Eisenbahnen ingenieurgeologische Untersuchungen auszuführen (KÖHLER, REUTER & THOMAS 1958).

2.2 Erste „Baugrundkarten"

Soweit sich heute übersehen läßt, wurden Darstellungen unter dem Namen „Baugrundkarten" in Deutschland wohl zum erstenmal 1913 auf der Internationalen Baufach-Ausstellung Leipzig gezeigt. Als Zweck wurde angegeben:

„Übersicht über gesunde Wohnlagen und wirtschaftlich günstige Baugrundbedingungen" des betreffenden Stadtgebietes. Auf diesen Karten i. M. 1 : 25000 waren (nach LANGEN) besonders dargestellt:

Wasserläufe	dunkelblau
Überschwemmungsgebiete	mittelblau
Gebiete, deren höchster Grundwasserstand 1 m und weniger unter der Erdoberfläche liegt	hellblau
Sümpfe und feuchte Wiesen	hellgrün
Wälder	dunkelgrün
Senkungsgebiet des Bergbaues	grau
Kiesgruben, Lehmgruben	rot
regulierte Überschwemmungsgebiete und gesenktes Grundwasser	schraffiert
desgl. projektiert	strich-punkt-schraff.
sonstiger schlechter Baugrund, soweit er tiefere Gründungen erfordert	hellbraun
bebaute Gebiete mit Pfahlgründungen, Senkbrunnen oder anderen Tiefgründungen	rote Punkte
durch Aufschüttung oder Verunreinigung minderwertiger Baugrund	rote Kreuze

Da oft mehrere Eigenschaften zusammentreffen, wurde als Reihenfolge für die Eintragungen bestimmt:

in 1. Linie Tiefgründungen
„ 2. „ Überschwemmungsgebiet
„ 3. „ schlechter Baugrund
„ 4. „ Sumpf
„ 5. „ Wald

Solche Karten waren damals u. a. für die Städte Altenburg, Brandenburg, Eisleben, Erfurt, Frankfurt (Oder), Gera, Leipzig, Spandau und Weißenfels aufgestellt worden. Diese sogenannten Baugrundkarten, die wir heute als „baugrundtechnische Unterlagenkarten" bezeichnen würden, waren ein erster wichtiger Schritt auf dem Wege zur modernen Baugrundkartierung.

2.3 Baugrundtiefenkarten

Einen weiteren bedeutenden Schritt auf dem Wege zur Schaffung ingenieurgeologischer Karten bildete die Baugrundkartierung von Danzig aus den Jahren 1919/1920. MOLDENHAUER brachte hierbei eine damals noch neue Betrachtungsweise zur Anwendung. Er ging von der Tiefenlage und Art der tragfähigen Schicht und den Grundwasserverhältnissen aus. Dargestellt wurden folgende Tiefenstufen des „tragfähigen Baugrundes":

0 bis 2 m durch weiße Farbe
2 „ 4 m „ grüne Farbe
4 „ 6 m „ graue Farbe („Neutraltinte")
6 „ 10 m und tiefer durch rote Farbe

Die Art des „tragfähigen Baugrundes" konnte ebenfalls aus der Karte entnommen werden:

Sand	ohne Kennzeichnung
Lehm einschl. Geschiebemergel	enge Schraffur unter 45° in brauner Farbe
Abschlämmassen (meist lehmiger Sand)	weite Schraffur, wie oben

Bezüglich der Grundwasserverhältnisse wurden gekennzeichnet:

Flächen mit einem höheren Grundwasserstand als 2 m unter Flur	durch blaue waagerechte Linien
quelliges Heraustreten an sandigen Hängen	durch kurze blaue waagerechte Striche

Höchst bemerkenswert für die Baugrundkarte von Danzig ist die Unterscheidung zweier durch das stellenweise Auftreten von Schlick getrennter Baugrundstockwerke, von denen das obere Stockwerk nur zur Aufnahme leichter Bauten geeignet ist. Die Kennzeichnung wurde durch waagerechte Farbstreifen erreicht:

leichte Bauten
in 0 bis 2 m Tiefe . . . . weiß und rot
„ 2 „ 4 m „ . . . . grün und rot
„ 4 „ 6 m „ . . . . grau und rot

wobei die Annahme gilt, daß schwere und industrielle Bauten erst in einer Tiefe von mehr als 6 m gegründet werden dürfen. Wir haben die MOLDENHAUERsche Kartierungsmethode hier etwas ausführlicher gebracht, weil sie in der Fachliteratur immer wieder zitiert worden ist. Das Original war im Maßstab 1 : 10000 hergestellt worden. Im Jahre 1926 ist eine vereinfachte Kopie der Karte im Schwarz-Weiß-Verfahren mit rotem Überdruck veröffentlicht worden. OKOLO-KULAK brachte 1953 einen Ausschnitt daraus und nannte die Arbeit ein „gutes Beispiel für eine ingenieurgeologische Spezialkarte größeren Maßstabes".

Daß die kartenmäßige Darstellung der Bodenverhältnisse für Planungs- und Bebauungszwecke lange Zeit von der Kartierung auf bodenkundlicher Grundlage beherrscht wurde, ist an anderer Stelle bereits ausführlich behandelt worden und braucht hier nicht wiederholt zu werden (KÖHLER & THOMAS 1958).

Im Jahre 1949 fertigten MEDON & WETHLOW eine „Baugrundkarte" von Berlin an, die sich an die Methode von MOLDENHAUER anlehnte und folgende Baugrundtiefen enthielt:

0 bis 1 m	grüne Farbe
1 „ 2 m	gelbe Farbe
2 „ 3 m	hellbraune Farbe
3 „ 4 m	rotbraune Farbe
4 „ 6 m	rote Farbe
6 „ 10 m	graubraune Farbe
mehr als 10 m	dunkelgraue Farbe

Den Flächen gleicher Tiefenstufen wurden gewisse Baugrundtypen zugeordnet. So entsprach z. B. der Stufe von 4 bis 6 m Tiefe folgender Baugrundtyp: „Anmoorige und moorige Böden, Baugrund: schlecht."

2.4 Geotechnische Karten

Die vierblättrige geotechnische Karte der Schweiz aus den Jahren 1934 bis 1938 sollte den Kulturbauingenieuren, Land- und Forstwirten einen Einblick in die Bodenverhältnisse des Landes geben und die Architekten, Bauingenieure und Straßenbaufachleute über Vorkommen und Ausbeutung nutzbarer Gesteine orientieren. Sie gibt in übersichtlicher Form ein Inventar der mineralischen Baumaterialien und Rohstoffe. Stellten die geologischen Karten der Schweiz die historisch-geologischen und tektonischen Verhältnisse dar, so verfolgte die geotechnische Kommission das Ziel einer gesteinskundlichen Landesaufnahme unter Berücksichtigung der technischen Eigenschaften der Rohstoffe, einer „bodenkundlichen Aufnahme" und einer Darstellung der technisch oder wirtschaftlich wichtigen Minerallagerstätten der Schweiz. Es handelt sich also nicht etwa um eine baugrundgeologische Karte. Die Autoren NIGGLI und DE QUERVAIN waren sich darüber im klaren, daß das Kartenwerk wegen des kleinen Maßstabes 1 : 200000 die drei gestellten Aufgaben nicht lösen, sondern nur eine Übersicht geben konnte, sie waren aber andererseits der Meinung, daß diese Übersichtskarte eine ungefähre Darstellung der drei geotechnischen Fragenkomplexe in einem Bilde gestatte. Eine Einzeldarstellung von Gesteinshorizonten kam unter den komplizierten geologischen Bedingungen des schweizerischen Reliefs nur in Ausnahmefällen in Frage. Unterschieden wurden Gesteinsgruppen oder Gesteinsserien, die immer noch eine erhebliche Variationsbreite umfassen. Es liegt in der Natur der Gesteinsbildungsprozesse, daß diese Serien oft auch historisch-geologische Einheiten sind.

2.5 „Auswertungskarten"

Vorwiegend in der Zeit von 1945 bis 1950 wurden durch Veröffentlichungen Karten bekannt, deren Eigenart in der Beifügung zugehöriger Auswertungstabellen bestand. Schon OSTENDORFF hatte auf der Basis der Bodenentstehungstypen nach dem STREMMEschen System „Baugrundkarten" auf bodenkundlicher Grundlage angefertigt, dazu in einem Schema die charakteristischen Merkmale zusammengestellt und 1945 ausführlich darüber berichtet.

Im Prinzip ähnlich sind die Methoden, die im Handbuch „Ingenieurgeologie" von BENDEL (1948) angeführt werden. Es sei darauf hingewiesen, daß ein Lehrbuch über ingenieurgeologische Kartierung in deutscher Sprache bisher nicht erschienen ist. BENDELs Buch enthält einen kurzen Abschnitt über „Bodenkundliche Arbeiten für die Stadt- und Landesplanung" und behandelt darin sogenannte „technische Auswertungskarten" und „ingenieurwissenschaftliche Auswertungskarten". Die Auswertung für Planungszwecke erfolgt durch ein beigefügtes Schema. Auch hier hat die Kartierung nach Bodentypen als Ausgangspunkt gedient.

Sehr einfach gehaltene und daher nicht notwendigerweise näher zu beschreibende Deckblätter i. M. 1 : 10000 wurden 1945/46 für das Stadtgebiet von Groß-Berlin nur auf geologischer Grundlage angefertigt; im wesentlichen wurde die oberste Hauptbodenart dargestellt. Auch hierbei kann der Benutzer der Karte die für die Beurteilung der einzelnen Flächen wichtigen Eigenschaften aus dem dazugehörigen Auswertungsschema entnehmen.

In ähnlicher Weise wurden auch einige Meßtischblätter aus dem Randgebiet Berlins bearbeitet, worüber DIENEMANN Mitteilungen gemacht hat. Die Kartierung erfolgte nach „Baugelände-Typen", deren Unterscheidung auf geomorphologischer Grundlage beruhte. Das dazu gehörige Schema ist sehr ausführlich gehalten. (Unterlagen beim Zentralen Geologischen Dienst in Berlin.)

Der Vollständigkeit halber sei noch die „Baugrundkarte" von Hamburg i. M. 1 : 10000 erwähnt, die in stark vereinfachter Form die oberen Schichten bis 2 m Tiefe in enger Anlehnung an die geologische Spezialkarte wiedergibt, von dieser allerdings in der Farbgebung völlig abweicht, was ein an geologische Karten gewöhnter Benutzer zunächst als unbequem empfinden mag. Eine beigefügte „Tabelle der Tragfähigkeit von Bodenarten im Normalzustand nach DIN 1054" ist sehr einfach gehalten. Die Methodik der uns vorliegenden Ausgabe von 1950 dürfte den heute an eine Baugrundkarte zu stellenden Ansprüchen nicht mehr genügen.

Zusammenfassung

Vorstehend wurden die Grundlagen, auf die sich die moderne Baugrundkartierung zurückführen läßt, untersucht. Dabei wurde den Bestrebungen nachgegangen, die dahin zielen, neben den geologischen und bodenkundlichen Verhältnissen der oberflächennahen Schichten speziell die Baugrundeigenschaften der tieferen Schichten eines Planungs -und Bebauungsgebietes auf Karten darzustellen. Die bemerkenswertesten Stufen dieser Entwicklung wurden dargelegt, einige typische Vertreter der baugrundtechnischen Unterlagenkarten, Baugrundtiefenkarten, geotechnischen Karten und Auswertungskarten beschrieben. Alle diese Karten waren entweder mehr oder weniger einseitig oder gingen nicht konkret genug auf die Beschaffenheit des Baugrundes ein. Sie stellen Glieder in der Entwicklung dar und sind als Vorläufer der modernen ingenieurgeologischen Kartierung und der speziellen Baugrundkartierung anzusehen. Über Karten, die die moderne Baugrundkartierung einleiten, wird demnächst zu berichten sein.

Резюме

Автор анализирует материалы, на которых основывается совершенное картографирование строительных грунтов. Особенно описывается направление, ставящее своей целью, заснимать не только геологические и почвенные карты верхних слоев строительного грунта, но и строительные особенности глубоколежащих слоев строительных районов.

Отмечаются примечательные этапы развития этого направления и описываются некоторые характерные представители изготовления техническо-строительных карт основания строительного грунта, карт глубинных слоев строительных грунтов, геотехнических карт и интерпретационных карт.

Все эти карты были более или менее односторонние или не вполне основательно отражали особенности строительного грунта. Они являются отдельными ступенями в развитии картографирования строительного грунта, т. е. предшественниками современной инженерно-геологической картографии и специального картографирования строительных грунтов. О картах, положивших начало современному картографированию строительных грунтов, будет сообщено в последующих работах.

Summary

This investigation was undertaken to study the bases from which modern building ground mapping was derived. In addition to geological and pedological conditions of surface proximity layers, special importance was assigned to the cartographical representation of soil properties characterizing the deeper layers of an area planned for the covering with buildings. The most remarkable stages of this development are shown including the description of some typical representatives of building ground maps, depth maps, geotechnical and pletting maps. All of them are more er less confined to a small range of uses or do not sufficiently consider the nature of soil. They are steps of the development undergone and must be regarded as forerunners of modern engineering-geological mapping and special building ground mapping. Maps inaugurating modern building ground mapping will be dealt with in a future article.

Literatur

KÖHLER, R. & A. THOMAS: Von der Bodenkarte zur Baugrundkarte. — Bergakademie, 11 Jg., Nr. 8, S. 479—488, Berlin 1958.

WOLFF, W.: Die internationalen agro-geologischen Konferenzen und die Bedeutung der agronomischen Karte für die Landwirtschaft. — Berlin 1926.

STREMME, H.: Die Bodenkartierung. In BLANCK: Handbuch der Bodenlehre. — Berlin 1932.

KÖHLER, R., F. REUTER, & A. THOMAS: Ingenieurgeologische Arbeitsmethoden in der Sowjetunion. — Z. angew. Geol., Berlin 1958.

LANGEN, GUSTAV: Die städtebaulichen Einheitspläne. Karte der Baugrundverhältnisse 1 : 25000. — Berlin 1916.

MOLDENHAUER, ERICH: Die Baugrundkarte des Danziger Stadtgebietes. — Danzig 1919/20, veröffentlicht 1926.

OKOLO-KULAK, E. J.: Ingenieur-Geologie. — Leningrad-Moskau 1953.

NIGGLI, P. & F. DE QUERVAIN: Geotechnische Karte der Schweiz, 1 : 200000. — Bern 1934, 1935, 1936, 1938.

OSTENDORFF, E.: Grundlagen und Methode neuzeitlicher Bodenaufnahme. — Oldenburg 1945.

BENDEL, L.: Ingenieurgeologie, II. Teil. — Wien 1948.

Baugrundkarte von Hamburg 1 : 10000. — Hamburg 1950.

Einige Neuigkeiten in der Erdölbohrtechnik

RUDOLF MEINHOLD, Gommern

Nachrichten über Sondenausbrüche mit verheerenden Feuern, Explosionen, Verlusten an Menschen und Material gehen immer wieder durch die Fachpresse. In den letzten Monaten wurden hauptsächlich Bohrungen im Meere (Golf von Mexiko, Persischer Golf, Kaspisee) stark betroffen. Die Verhinderung solcher Ausbrüche ist von höchster wirtschaftlicher Bedeutung. Eine Nachricht über die Verwendung neuartiger Sicherheits-Drosselventile bringt „Petroleum Week“, Ausgabe 10. Juli 1959. Das Gerät wird am Seil eingebaut und besteht aus einem federbelasteten Fließrohr mit dem Drosselventil am unteren Ende. Die Auslösung erfolgt bei Auftreten eines bestimmten Druckabfalles. Die Druckdifferenz, die zur Auslösung führen soll, wird mittels Abstandringen an der Feder eingestellt. Tritt Druckminderung ein, so bewegt sich das Fließrohr aufwärts und befreit ein Klappenventil, das ausschnappt und sich an die Drossel legt und damit den Weg versperrt.

Großes Interesse findet auch eine sowjetische Konstruktion, der ausziehbare Rollenmeißel, der durch das Gestänge ein- und ausgefahren wird, wodurch Meißelwechsel ohne Gestängeein- und -ausbau möglich wird. (KERSCHENBAUM und DIFFINE, Neftjanoje Chosjaistwo, 1959). Der Rollenmeißel sitzt an zwei Armen, einem langen und einem kurzen, die in einen Fangkonus einrasten, was über Tage deutlich zu hören ist. Die Arme pressen sich dabei in schlitzförmige Aussparungen des zylindrischen Körpers des Rollenmeißels. Beim Aufziehen wird das Gestänge angehoben, ein Seil mit Fangkrone eingelassen, der Konus freigezogen und die Arme klappen zusammen. Nunmehr kann das Werkzeug durch das Hohlgestänge ausgezogen werden. Bei der Diskussion um diese Neuerung wird auf andere ähnliche Konstruktionen verwiesen („Petroleum Week“, Ausgabe 14. August 1959, S. 25). Man erfährt, daß eine ähnliche Konstruktion 1940 von Carter Oil begonnen wurde, aber nicht zu industrieller Verwertung führte. In der Zeitschrift „Bohrtechnik und Brunnenbau“ 10. Jg., Sept. 1959, S. 435, gibt auch B. SCHWEIGER eine Beschreibung des neuen Gerätes und verweist ebenfalls auf eine eigene Konstruktion, über die er aber keine näheren Angaben macht. Eine Erhöhung der Arbeitsproduktivität von 15 bis 30% ist mit diesem Gerät in der Sowjetunion erreicht worden.

Auf dem Gebiet der Testmethoden ist ein Perforator entwickelt worden, der ohne Explosivkörper arbeitet. Eine Sandaufschlämmung wird durch Düsen gegen die Verrohrung unter hohem Druck geleitet, wodurch Perforationen durch die schleifende Wirkung des Sandes entstehen. Die Düsen bestehen aus Spezialhartstahl („Petroleum Week“, 3. Juli 1959). Die Vorteile der Methode sind weitere und längere Perforationslöcher, schonende Behandlung des Zementes, Säuberung kann sofort mit demselben Gerät ausgeführt werden.

Ein neues Gerät für Teste in verrohrten Bohrungen ist von SCHLUMBERGER entwickelt worden („Petroleum Week“, 17. Juli 1959, S. 21). Es wird am Kabel eingelassen, zugleich mit einer Sonde für Feststellung der Rohrmuffen und einer Gamma-Sonde zur Lokalisierung der zu testenden Zone. Dann wird ein Packer abgesetzt und der im Gerät vorhandene Perforator abgeschossen. Es füllt sich die Kammer des Testers, wobei gleichzeitig die Drücke über Tage registriert werden.

Mit diesem Gerät können in einem 4000 m tiefen Loch 5 Horizonte in 24 Stunden getestet werden. Auch in fließenden alten Sonden sind neue Teste durchgeführt worden, ohne diese in ihrer Produktion zu stören.

Im Erdölinstitut Grosny wurde ein Schlackenzement entwickelt, bestehend aus Zement, Quarzsand und Hochofenschlacke, der in tiefen Bohrungen dem Portlandzement überlegen ist in bezug auf Festigkeit, Korrosionsverhalten und Billigkeit.

Geländeerprobung des Vibrationsgerätes Lengiprotrans WUL-2[1]

L. K. SAWRASOW, Moskau

Im Jahre 1959 wurde von einer Mitarbeitergruppe des WITR ein vom Lengiprotrans konstruiertes Vibrationsgerät begutachtet.

Das geologische Profil des Gebietes, in dem die Versuche stattfanden, bestand aus festem, stark plastischem Lehm und feinkörnigem, festem trockenem, schwach feuchtem und wassergesättigtem Sand.

Das Vibrationsgerät WUL-2 ist auf das Chassis eines GAS 63 mit Autobusaufbau montiert. Zum Gerät gehören folgende Bestandteile: Vibrator WPM-1, Generator für Wechselstrom Marke SG-25/6 mit $n = 1000\ min^{-1}$, elektrische Winde mit Schneckenantrieb, Wechselgetriebe für den Antrieb des Generators, ein 4,4 m hoher Kippmast mit Winkelscharnieren und ein Verteilerbrett mit elektrischen Meßgeräten. Der Antrieb des Generators erfolgt mit Hilfe von Keilriemen.

[1]) Aus „Raswedka i ochrana nedr“ H. 2/1959, Übers.: LÄCHELT.

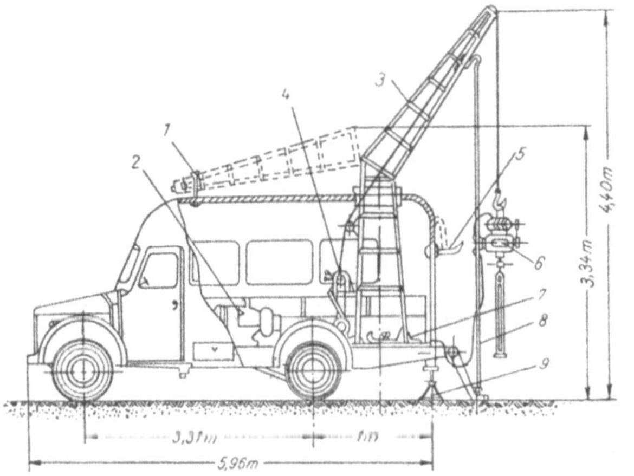

Modernisierte Variante des Gerätes WUL-2

1 – Bügel zur Befestigung des Mastes, 2 – Generator, 3 – Kippmast, 4 – elektrische Winde, 5 – Konsole zum Aufhängen des Vibriersenkgerätes, 6 – Vibriersenkgerät, 7 – Schlitten zum Befestigen des Vibriersenkgerätes, 8 – Stützhalterung, 9 – Hebewinde

Der Mast wird von Hand aufgerichtet. Das Gewicht des Vibrationsgerätes beträgt 5,1 t.

Das Abteufen der Bohrung erfolgte mit einer Krone von 133 mm Durchmesser. Bei Abschluß der Bohrung betrug der Kronendurchmesser 73 mm, die mittlere Teufe der Bohrungen lag bei 5—7 m. Die Bohrungen wurden ohne Verrohrung niedergebracht.

Die Analyse der Bilanz der Arbeitszeit und anderer technischer Daten erlaubt es, Schlußfolgerungen zu ziehen:

1. Der mittlere prozentuale Anteil des reinen Bohrens beträgt nur 21,1% bei 15 Bohrungen, was durch die relativ große mechanische Geschwindigkeit (im Mittel beträgt sie für 15 Bohrungen 0,575 m/min) und einen verhältnismäßig großen Zeitaufwand für Hilfsoperationen bedingt ist.

2. Das Ein- und Ausfahren nimmt durch eine unvollkommene Ausnutzung der Masthöhe mehr als 40% der Arbeitszeit ein. Viel Zeit wird für die Verbindung der Gestänge mit dem Vibrator, für das Ausrichten der Gestänge und für das Aufwickeln des Seiles auf die Winde (ca. 4 m/min) verwandt.

3. Für die Montage und die Demontage werden 27% der Arbeitszeit aufgewandt. Die schwerste Arbeit ist das Aufstellen der Winden und ebenfalls das Ein- und Ausladen der Bohrgestänge und Rohrtouren, der Bohrwerkzeuge und Instrumente. Im Mittel benötigt man für die Montage 6—8 Min. und für die Demontage 4—6 Min.

4. Hilfsarbeiten (Wasserzugabe im Bohrloch, Gestängemessung, Bohrgutaufnahme) nehmen ca. 3,3% der Arbeitszeit in Anspruch.

5. Beim Durchteufen von Ton und Lehm ist die schwerste Arbeit die Reinigung der Vibrationsbehälter vom Bohrgut.

6. Für Reparaturen werden ca. 5,5% aufgewandt, was sich durch eine unvollständige Konstruktion einzelner Teile der Vibrationsanlage und insbesondere des Vibrators selbst ergibt

Bei einer Bohrlochteufe von 5—7 m betrug die Produktivität der Vibrationsanlage für die Versuchszeit im Mittel 37,5 m pro Schicht.

Die mechanische Geschwindigkeit der Bohrung mit dem Vibrator WPM-1 schwankte zwischen 0,475 und 0,860 m/min. Beim Durchteufen von trockenem Sand fiel die Bohrgeschwindigkeit stark ab. Die ökonomisch zweckmäßigste Geschwindigkeit unter Berücksichtigung des Arbeitszeitaufwandes für die Montage und Demontage des Gerätes beträgt 38,9 m pro Schicht, ohne Berücksichtigung desselben 65,8 bis 127,2 m pro Schicht.

In der Abbildung ist das Schema der Vibrationsanlage des Lengiprotrans mit den konstruktiven Veränderungen und Ergänzungen dargestellt, die ihre Ausnutzung erhöhen sollen. Es ist notwendig, den unteren Teil des Mastes senkrecht zu stellen, damit der Schichtführer die Möglichkeit hat, die Bohrlochöffnung und die Arbeit der Bohrbrigade besser zu beobachten. Außerdem wird ein Teil des Verladeraumes frei gemacht, der für die Verladung der Bohrausrüstung und Instrumente verwandt werden kann. Die Konsole ist hinten am Auto anzubringen, weil es dadurch nicht notwendig ist, das Vibrationsgerät beim Ein- und Ausfahren auf die Erde zu stellen.

Die Schlitten werden zur Befestigung des Vibrators während des Transportes innerhalb des Autos untergebracht. Dort werden auch eine schnellaufende große Winde und die Richtvorrichtungen für den Vibrator abgestellt.

Die Vibrationsanlage des Lengiprotrans kann für geologische Erkundungsbohrungen in einer Teufe von 8—12 m in Gesteinen der ersten vier Bohrfähigkeitskategorien als durchaus ausreichend anerkannt werden. Die Vibrationsanlage zeigt eine gute Bohrleistung und ist bequem im Gebrauch.

Der Vibrator WPM-1 mit seinen geringen Ausmaßen und seinem niedrigen Gewicht erlaubt ein gutes Niederbringen der Schappen in verschiedenen Gesteinen, außer in trockenen festen Sanden.

Vibrationsbohrgerät EWBU-20 für die Erkundung von Seifenlagerstätten[1)]

N. K. TSCHEBOTAREW, Moskau

Auf Vorschlag des Autors und unter Mitwirkung von W. N. SCHPANOW und D. D. BARKIN wurde für die Erkundung von Seifenlagerstätten das Elektrovibrierbohrgerät EWBU-20 (siehe Abb.) mit einem in der Verrohrung absenkbaren Bohrgutaufnehmer konstruiert. Die Vorrichtung zur Aufnahme des Bohrgutes wird automatisch in den Rohren befestigt und senkt sich während der Arbeit gemeinsam mit diesen in das Gestein. Die Vibrationsanlage ist auf ein Auto vom Typ GAS-63 montiert. Für das Niederbringen der Verrohrung wird ein universeller Elektrovibrierhammer WMG-6 mit einer Stärke von 1,6 kW verwandt. An den Enden der Welle des Elektromotors exzentrisch befestigte Gewichte sorgen für die Vibration, die eine rückwärts- und vorwärtsschreitende Bewegung des Elektromotors hervorrufen und die ferner (mit Hilfe von Zugbolzen und Federn) für die Schläge auf die Verrohrung ausgenutzt wird.

Als Verrohrung werden Rohrtouren mit einem Durchmesser von 146 mm und einer Länge von 1,5 m verwandt, die nach dem Prinzip innenverschraubbarer Rohre verbunden werden.

Für das Ein- und Ausfahren ist im Autoverladeraum eine elektrische Umsteuerwinde T-66, die eine Hubkraft von 0,5 t besitzt, untergebracht. Der Elektromotor hat eine Stärke von 4,5 kW. Die Höhe des Mastes 2 beträgt 5 m. Der Bohrbock besteht aus zwei Stützen, für die Rohre mit einem Durchmesser von 42 mm verwandt werden.

[1)] Aus „Raswedka i ochrana nedr" H. 2, 1959, Übers.: LÄCHELT.

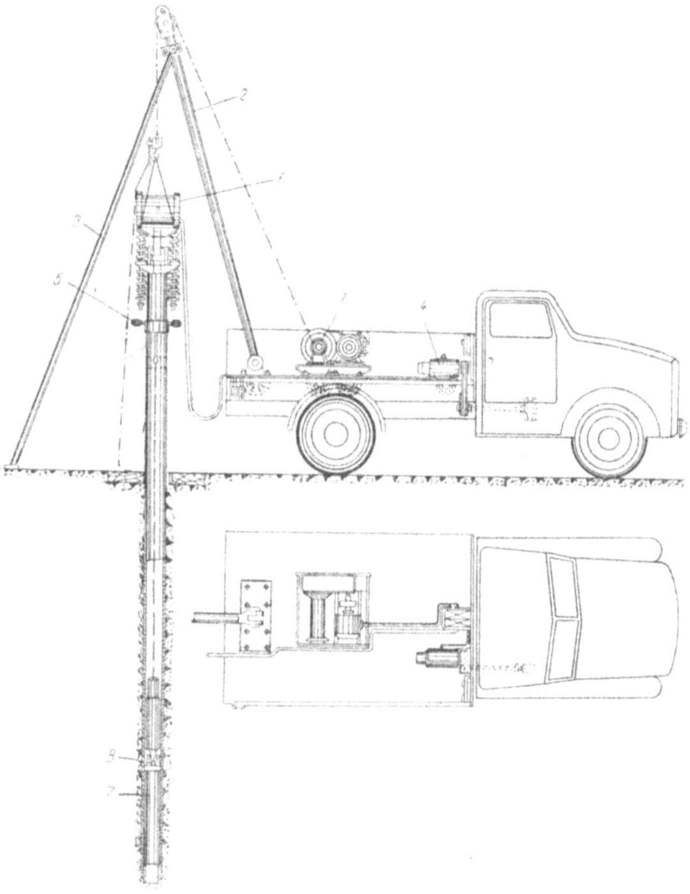

Gesamtansicht des Gerätes EWBU-20
1 – Elektrowinde, 2 – Strebe, 3 – Stütze, 4 – Generator, 5 – Schlagkopf, 6 – Vibrierhammer, 7 – Bohrgutaufnahmegerät, 8 – Anpreßgerät

Der Elektromotor des Vibrierhammers und der Winde wird von dem im Auto untergebrachten Generator 4 mit einer Stärke von 15 kW (z. B. 400/230) gespeist. Der Antrieb des Generators erfolgt vom Automotor aus über ein Wechselgetriebe. Die Elektromotoren des Gerätes haben Distanzsteuerung.

Die Technologie des Niederbringens von Bohrlöchern mit Hilfe der Vibrationsanlage beruht auf dem gleichen Prinzip wie die Bohrtätigkeit mit Hilfe der Seilschlagmethode, wie sie bei der Erkundung von Seifenlagerstätten angewandt wird. Eine charakteristische Besonderheit dieser Methode besteht darin, daß der Bohrschuh auf die Bohrsohle drückt, wodurch es möglich ist, gut erhaltene Gesteinsproben auszubringen.

Das Vibriergerät arbeitet folgendermaßen: Der Vibrierhammer 6 wird über der Rohrtour angebracht und schlägt auf den Schlagkopf 5. Unter der Schlagwirkung schneidet sich die Rohrtour ins Gestein ein.

In der Rohrtour befindet sich das Bohrgutaufnahmegerät 7, das mit Hilfe einer Klemmvorrichtung 8 befestigt ist. Die durch die Schlagwirkung des Vibrierhammers niedergetriebene Rohrtour zieht das Bohrgutaufnahmegerät mit. Das Gestein gelangt in das Bohrgutaufnahmegerät und wird in ihm auf Grund der Reibung festgehalten. Das Bohrgutaufnahmegerät sitzt direkt auf einem Ansatz des Bohrschuhes. Sie haben beide gleiche Innendurchmesser.

Nachdem die Rohre entsprechend tief (0,5 0,7 m) ins Gestein eingedrungen sind, wird der Vibrierhammer von der Rohrtour entfernt und die Klemmvorrichtung mit Hilfe des Zugseiles ausgeschaltet. Anschließend wird das Bohrgutaufnahmegerät zutage gefördert und die Gesteinsproben aus ihm entnommen. Ein spezieller Einschnitt im Schlagkopf garantiert einen freien Durchgang des Seiles in die Rohre während der Arbeit des Vibrierhammers.

In festen Gesteinen werden trennbare Rohrtouren angewandt. Nach Abschluß der Bohrung werden die Rohrtouren mit Hilfe des Vibrierhammers aus dem Bohrloch entfernt.

Beim Durchteufen von wasserführenden Gesteinen und schlammigem Untergrund werden die Rohrtouren bis in eine Teufe von 2—3 m oder durch die ganze Schicht des feuchten Untergrundes ohne den Bohrgutaufnehmer niedergebracht. In diesem Fall wird das Gestein durch ein Ventil und mit Hilfe des Vibrierhammers ausgebracht.

Werden beim Bohren Gesteinsblöcke angetroffen, so werden dieselben mit einem Keilmeißel zur Seite gedrängt oder mit dem Vibrierhammer zerschlagen. Um das Absetzen oder Anheben der Rohrtour zu erleichtern, ist der Außendurchmesser des Bohrschuhes 6 mm größer als der Außendurchmesser der Rohrtour. Der äußere, schneidende Konus ist am Kopfende des Schuhes unter einem Winkel von 75° zugespitzt.

Das Vibriergerät hat eine vorläufige Erprobung in Swerdlowsk und in Moskau und eine lange Geländeerprobung in der westukrainischen Expedition hinter sich. Im Verlaufe der Erprobung wurde folgende Produktivität der Bohrung pro Schicht erreicht (unter Berücksichtigung der Hilfsarbeiten, des Auf- und Abbaus der Anlage):

in sandigen und sandig-tonigen Gesteinen	24 m
in wasserführenden sandigen Gesteinen und unter Benutzung eines Ventils	16 m
in festen Tongesteinen	8,8 m
in gemischten Gesteinen	14,4 m

Diese Daten sind bei gleichen geologischen Bedingungen faktisch zwei- bis dreimal höher als die Produktivität des Bohrgerätes „Empire".

Während der Erprobung wurde ein 100%iger Kerngewinn erzielt. Außerdem wurde eine Senkung der Arbeitserschwernisse um 60% bei gleichzeitiger Einsparung von zwei Bohrarbeitern pro Brigade erreicht.

Das Vibrierbohrgerät EWBU-20 ist durch einen einfachen Bau und gute Ausnutzung sowie eine gute Transportierfähigkeit gekennzeichnet. Das Vorhandensein eines versenkbaren Bohrgutaufnahmegerätes erlaubt es, die Technologie des Bohrens wesentlich zu verbessern und die Qualität der Proben zu erhöhen. Das Gerät gestattet es ferner, eine Erkundung von stark wasserführenden Seifen durchzuführen, wobei bei seiner Anwendung die Notwendigkeit entfällt, Kontrollschürfe anzulegen. Das Bohrgerät EWBU-20 kann mit Erfolg auch für andere geologische Erkundungsarbeiten in geringer Teufe verwandt werden.

Lesesteine

„Rohstoffarmes" China

Von imperialistischer Seite war die pseudowissenschaftliche These aufgestellt worden, China sei ein an Eisenerzen, Erdöl und Kohle armes Land. Es sei deshalb, weil ihm die nötige Rohstoffbasis fehle, für die moderne Industrialisierung völlig ungeeignet.

Die chinesischen Geologen haben dieses Märchen, das erfunden wurde, um den chinesischen Staat in ökonomischer Abhängigkeit von den Kolonialmächten und als Absatzmarkt für ihre Industriewaren zu erhalten, gründlich als das, was es ist, entlarvt. Sie erkundeten, daß die sicheren Eisenerzvorräte ihres Vaterlandes 8 Mrd. t, die prognostischen über 100 Mrd. t Roherz betragen. Das ist mehr, als die Lagerstätten der USA und Großbritanniens zusammen enthalten.

Die festgestellten sicheren Vorräte an Industriekohle beliefen sich bereits Ende des Jahres 1958 auf 80 Mrd. t. Besonders erfolgreich waren die Erkundungsarbeiten südlich des Jangtse.

Ein Viertel der Gesamtfläche Chinas ist erdölhöffig. Zu Zentren der Erdölgewinnung sind seit 1949 das Karamai-Gebiet im nordwestlichen Sinkiang, das Tsaidam-Becken im westlichen Tshinghai, das Jümen-Gebiet in Kansu und die Provinz Szetshuan geworden.

Mit geologischen Forschungen sind in China gegenwärtig 330000 Menschen beschäftigt, darunter 48000 Ingenieure und Techniker. Es stehen 6000 Bohrgeräte zur Verfügung.

Nicht nur in China haben die Geologen durch exakte Forschungsarbeiten die imperialistischen Behauptungen als durchsichtige Zwecklügen entlarvt. In der Sowjetunion, der Tschechoslowakei, Ungarn, Polen, Rumänien, Bulgarien, Albanien und anderen Ländern geschah das gleiche. Es ist eine der imperialistischen Hauptwaffen auf ideologischem Gebiet, die Vorräte der eigenen Rohstoffgebiete in übertriebenem Maße herauszustellen und gleichzeitig diejenigen, die sich im Bereich minder industrialisierter Länder befinden, herabzusetzen und zu diffamieren. Eine derartig gelenkte Propaganda gehört zum kapitalistischen Geschäft und zum Handel mit mineralischen Rohstoffgebieten, ihren Erzen, Metallen, Kohlen und Erdölen. Durch intensive, streng wissenschaftlich ausgerichtete und technisch exakte Arbeit wird es den Geologen aller sozialistischen Länder gelingen, den Reichtum ihrer eigenen Gebiete an mineralischen Rohstoffen aufzudecken und durch den Ausbau einer bodenständigen Rohstoffbasis jede pseudowissenschaftliche Theorie des Monopolkapitalismus ad absurdum zu führen. E.

Die erste Aussage der Rückseite des Mondes

Die Aufnahme des Lunik III von der Rückseite des Mondes hat eine Überraschung gebracht. Während der Nordteil der Vorderseite zumeist aus dunklen, vermutlich basaltischen Mare-Ebenen besteht, weist die nunmehr zu $^{7}/_{10}$ enthüllte Rückseite bis auf $^{1}/_{10}$ des gewonnenen Bildes nur helles, wahrscheinlich hochliegendes, sialisches Gebiet auf. Die Maria am Rande sind größtenteils Fortsetzungen solcher auf der Vorderseite und vergrößern deren Gruppe zu einem mehr geschlossenen Komplex. Von einem Maria-Gürtel kann nicht mehr gesprochen werden. Diese Enthüllung ist nicht ohne Bedeutung für die Erdgeschichte. Mit der Annahme einer Mond-Abschleuderung (G. DARWIN, PICKERING, POINCARÉ), wobei sich der Mond bereits als kugelige Masse von einem birnenförmigen Erdkörper unter Zurücklassung einer pazifischen „Narbe" abgelöst hätte, würde sich eine ähnliche Anisotropie der sialischen Mondbedeckung (Entblößung der Abrißstelle) noch vereinbaren lassen. Aber diese Theorien sind durch die von JEFFREYS berechnete Energiebilanz endgültig erledigt worden. Die vor der Bildung der Birnenform zu überwindende innere Reibung hätte die von Gezeiten gelieferte Energie um ein Vielfaches übertroffen. Aber auch die Ejektionstheorie von H. QUIRING, wonach die Explosionsenergie eines in 28° Äquatorabstand (Pazifikmitte) einschlagenden kleinen Planetoiden das streuend ausgeschleuderte flüssige Material des Mondes in dessen Bahndistanz befördert haben soll, unter Mitgabe der Umlaufgeschwindigkeit seitens der Erdrotation, ist nunmehr völlig unhaltbar geworden. Bei der Zusammenballung des gestreuten Materials hätte keine dermaßen anisotrope Sialverteilung, wie sie vorliegt, entstehen können. Der Mond kann somit kein Abkömmling der Erde sein. Er muß als ein eingefangener kleiner Planet oder als das zweite Glied eines mit der Bildung der Erde entstandenen Ursystems Erde—Mond angesehen werden. Der Pazifik sowohl wie auch die Häufung der Mond-Maria in einer einzelnen Region aber müssen auf einen innerplanetarischen Prozeß zurückgeführt werden.

An Wahrscheinlichkeit gewinnt damit die von JEFFREYS und F. A. VENINGMEINESZ vertretene Theorie, wonach eine den Erdkörper von Pol zu Pol durchmessende primäre Konvektionsströmung, welche zugleich die Bildung des Erdkernes einleitete, in ihrem Aufstrombereich sialisches Material aussonderte, welches sodann durch die zirkumglobale Überströmung größtenteils nach der Gegenseite hinbefördert wurde. Ein solcher Prozeß könnte für die Erde wie auch für den Mond angenommen werden. Die heutige Lage des Pazifiks muß dann auf eine Polwanderung zurückgeführt werden. Ebenso auch die Lage der Maria-Anhäufung des Mondes. Da sich diese nicht in der Mitte der Vorderseite befindet, kann auch ein Zusammenhang mit der Erdanziehung nicht angenommen werden. Mit dem Hinfälligwerden der Ejektionstheorie und der Anhäufung der Mond-Maria erhält auch QUIRINGs lunare Meteoritentheorie, wonach alle Krater, Ringebenen und Maria des Mondes durch Einschläge hervorgebracht sein sollen, einen entscheidenden Stoß. HAVEMANN

Besprechungen und Referate

BENIOFF, H.

Circum-Pacific Tectonics

Publc. of the Divis. of the Geolog. Sci., California Inst. of Technol., Nr. 859 (1958)

Aus der erdgeschichtlichen Sicht des Geologen ist das obige Thema im vorigen Jahre von L. G. WEEKS eingehend behandelt worden (Ref. in Bd. 5, H. 9 dieser Zts.). Die vorliegende Arbeit BENIOFFs, des durch seine Untersuchungen der Aftershock-Sequenzen bekannten Seismologen, bietet dazu eine wertvolle physikalische Ergänzung. Sie beantwortet die Frage, was im Zusammenhang mit den Ergebnissen der Tektoniker über horizontale und vertikale zirkumpazifische Verschiebungen in der gegenwärtigen und rezenten Phase aus den verläßlichsten seismologischen Daten erkennbar ist, bzw. mit hoher Wahrscheinlichkeit gefolgert werden kann. Die beigefügte figürliche Darstellung veranschaulicht dies. Die gestrichelten Pfeile bezeichnen Bewegungen, die durch Beobachtungen n ch ungenügend, die übrigen solche, die hinreichend gestützt sind. BENIOFF kommt zu dem Schluß, daß zumindest heute 1. fast sämtliche Randgebiete sich relativ zum Pazifikboden mit dem Uhrzeiger verschieben, wobei die Frage, welche Seite sich absolut, d. h. relativ zur Erdachse verschiebt, jedoch nicht beantwortbar ist; und daß 2. überall pazifikwärts gerichtete Bewegungen der Randgebiete vorhanden sind, wie dies auch aus der Tektonik der Inselbögen, Tiefseerinnen und Vulkanreihen u. a. von WEEKs gefolgert worden ist. Die wichtigsten seismischen Daten liefern die Großbeben von Magnitude, 8 und darüber, die im letzten halben Jahrhundert genau beobachtet werden konnten. Bei der bekannten Tangentialverschiebung längs der kalifornischen San-Andreas-Spalte, die SO-wärts bis Mexiko, NW-wärts eine erhebliche Strecke subozeanisch weiterläuft, wird über die seismischen Daten hinaus aus den geologisch evidenten Versetzungen auf eine Verschiebung um 550 km seit der Oberen Kreide geschlossen. BENIOFF weist nach, daß die Verschiebungen an den rechtwinklig hierzu streichenden Garlock- und Pine-Spalten nicht durch denselben Streß bewirkte Nebenerscheinungen der Hauptverschiebung sein können, sondern

Die hauptsächlichsten Verschiebungen an den Bruchspalten der zirkumpazifischen Randgebiete

daß ein Vorrücken des nördlicheren Kontinentteils gegen den Pazifik vorliegen muß. Am westlichen Pazifikrand lieferte das große Kamtschatka-Beben von 1952 besonders starke Argumente in BENIOFFs Sinne. Die Verteilung der Aftershocks auf einen Streifen von 1000 km Länge läßt hier erkennen, daß die von dem Hauptbeben bezeugte Verschiebung längs dieser ganzen Strecke stattgefunden hat. Für Japan — um noch ein Hauptgebiet zu nennen — hat TSUBOI Verschiebungen in dem gleichen Sinne längs den küstenparallelen Spalten nachgewiesen.

Die durch die Tiefbeben bezeugten und als entsprechend tiefreichend angenommenen pazifikwärts gerichteten Bewegungen führt BENIOFF auf Material- und damit Dichtedifferenzen bis in große Tiefen zurück, welche eine Über- und Unterschiebung zur Folge haben. Er hebt hervor, daß die hierfür erforderlichen Energien, welche in der oberen Kruste Tiefseegräben und Randgebirge zu erzeugen vermögen, ein hohes Vielfaches des für Tangentialverschiebungen Erforderlichen betragen müssen. Die für 5 km Niveauverschiebung benötigte Energie würde für 1000 km Tangentialverschiebung ausreichen. HAVEMANN

DOMARJEW, W. S. & E. B. WYSOKOOSTROWSKAJA

Die oberflächennahen Intrusionen und das Alter der granitischen Gesteine der Ujmenischen Depression (Bergaltai)

Iswestija Akademii Nauk SSSR, Serija Geologitscheskaja, 1959, Nr. 2, Februar, S. 43—58

Die Verfasser behandeln in der vorliegenden Arbeit die magmatischen Gesteine der Ujmenischen Depression im Bergaltai-Gebiet unter besonderer Berücksichtigung der dort in zwei Intrusivkomplexen auftretenden granitischen Gesteine.

Das Ergebnis beruht auf einer Anwendung praktisch aller in der modernen Petrographie vorhandenen Untersuchungsmethoden. Ihre Skala reicht von der geologischen Feldaufnahme über spezielle petrographische, chemische, spektralanalytische Verfahren bis zur absoluten Altersbestimmung.

So ermöglicht der Vergleich der erhaltenen Einzelergebnisse eine differenzierte Aussage über manche Grundfrage des Magmatismus.

Die ältesten magmatischen Gesteine dieses Gebietes sind kambrische basische Effusivgesteine, die von z. T. ebenfalls kambrischen Diabas- und Porphyrgängen durchsetzt werden.

Darauf folgen effusiv-sedimentäre Gesteine des Mitteldevons, die basische und saure Effusivgesteine und ihre Tuffe umfassen.

Die jüngeren intrusiven Komplexe werden von granitischen Magmatiten gebildet. Aber es treten auch Diorite und Gabbros auf, wovon letztere z. T. als hybride Gesteine angesehen werden.

Der eine granitische Komplex, der aus „oberflächennahen Gesteinen" besteht, setzt sich aus Granitporphyren, Granophyren und Granosyenitporphyren zusammen.

Der zweite granitische Komplex besteht aus grobkörnigen Biotit- und biotitischen Hornblendegraniten.

Auf Grund der geologischen Gegebenheiten wird angenommen, daß die Entwicklung der Geosynklinale des östlichen Bergaltai mit dem Mitteldevon abschließt; denn im Oberdevon treten Gesteine auf, deren Bildungsbedingungen im Bereich des Überganges zwischen Geosynklinal- und Tafelgebieten liegen. Die granitischen Gesteine werden als präoberdevonisch angesehen.

Gegen einen engen genetischen Zusammenhang der beiden granitischen Komplexe sprechen neben der relativ weiten Verbreitung der oberflächennahen Intrusionen vor allem ihre gegen den anderen Komplex scharf ausgebildeten Kontakte mit dichterer Grundmasse an den Salbändern. Die absolute Altersbestimmung ergibt für die oberflächennahen Intrusionen mit ca. 315 Mill. Jahren ein um 15 Mill. Jahre jüngeres Alter gegenüber dem anderen Komplex. Allerdings liegt dieser Wert noch im Bereich der Fehlergrenze. Die chemische Zusammensetzung beider Komplexe ist gleich. Bei der spektralanalytischen Untersuchung ergaben sich nur geringe Abweichungen im Gehalt an Molybdän, Lanthan, Niob und Fluor. Die porphyrische Struktur und die relativ schnelle Veränderung der Grundmasse im jüngeren Komplex weist auf äußerst unbeständige physikalisch-chemische Kristallisationsbedingungen hin und ist charakteristisch für hypoabyssische oberflächennahe Intrusionen.

So können trotz des gewissen Altersunterschiedes doch beide Typen aus einem längere Zeit produktiv gewesenen Magmenherde stammen. Aber trotzdem muß man den jüngeren Komplex auf Grund der Untersuchungsergebnisse als selbständiges Gebilde abtrennen.

Einen genetischen Zusammenhang zwischen den granitischen Gesteinen und den mitteldevonischen Effusiva folgern die Verfasser aus einer weitgehenden Übereinstimmung der chemischen und spektralanalytischen Analysen.

Die vorhandenen Vererzungstypen sind geochemisch eng miteinander verbunden. Die vorgenommenen Untersuchungen erlauben die Annahme einer genetischen Verwandtschaft der Vererzung mit den oberflächennahen Intrusionen. Damit ergibt sich in Übereinstimmung mit der absoluten Altersbestimmung für die oberflächennahen Intrusionen ein mitteldevonisches Alter.

Bedingt durch die Lage des einen großen Massivs wird angenommen, daß dieses in der Hauptfaltungsperiode gebildet wurde, d. h. vor Beginn des Devons. Diese Annahme wird unterstützt durch den Charakter der Gesteine und der vorhandenen Mineralisation, die u. a. auch als Greisenbildung auftritt. Allerdings sollte von einem syngenetischen Granit eine entsprechend ausgebildete Textur erwartet werden, diese ist aber mit keinem Wort angedeutet worden.
F. SCHUST

LEWIZKIJ, O. D. & W. I. SMIRNOW

Die Bedeutung der primären Zonenausbildung für die Erkundung von Erzkörpern hydrothermaler Entstehung, die nicht zutage austreten[1]).

„Sowjetskaja Geologija", 1959, Nr. 2

Bei hydrothermalen Erzkörpern mit zonalem Bau können sich — meist am oberen Teil und an den Flanken — Zonen ausbilden, in denen eine Metallführung sehr gering oder gar nicht vorhanden ist. Diese Zonen können einen ausgezeichneten Indikator für die wirtschaftlich verwertbaren Teile der Erzkörper, darunter besonders für jene, die nicht zutage austreten, darstellen.

Man kann im wesentlichen zwei Typen der Zonenausbildung bei hydrothermalen Erzkörpern unterscheiden. Der erste Typ, die sog. stufenweise Zonenausbildung, entstand durch die aufeinanderfolgenden, zeitlich voneinander getrennten Ausscheidungen der erzführenden Lösungen mit verschiedener Zusammensetzung aus dem Stammagmaherd und die ihnen entsprechenden stufenweisen Erzausscheidungen. Die Zonen haben hier in der Regel scharfe Grenzen gegeneinander. Beim zweiten Typ wurde die Zonenausbildung durch Veränderungen der geologischen und physikalisch-chemischen Bedingungen für die Zirkulation der

[1]) Der Aufsatz stellt eine erweiterte und ergänzte Fassung eines Vortrages dar, der auf einer Allunionskonferenz zur Erarbeitung von wissenschaftlichen Grundlagen für die Erkundung nicht zutage austretender Erzkörper gehalten wurde.

erzführenden Lösungen auf ihren Aufstiegswegen hervorgerufen. Hier ist das Verhältnis der erzbildenden Minerale in den aufeinanderfolgenden Ausscheidungen verschieden. Die einzelnen Zonen haben gewöhnlich keine scharfen Grenzen.

Die tauben Zonen in den oberen Teilen einiger hydrothermaler Erzkörper, an denen nun eine Vererzung in der Tiefe festgestellt werden kann, sind unterschiedlicher Entstehung. Nach dem Charakter des Ausgangsmaterials kann man die tauben Randzonen hydrothermaler Erzkörper in vier Typen einteilen.

Beim ersten Typ setzen sich die Minerale der tauben Zonen aus Stoffen zusammen, die in den hydrothermalen Lösungen aus den tiefen Erzbringern nach oben kamen. Zum zweiten Typ gehören taube Zonen, deren Minerale durch Wegtransport und Umlagerung von Gesteinsmaterial bei einer metasomatischen Erzbildung entstanden. Beim dritten Typ erfolgte die Mineralbildung der tauben Zonen durch Wegtransport und Umlagerung von Mineralsubstanz, die schon in früheren Stadien des gleichen Prozesses abgesetzt wurde, durch die Lösungen in späteren Stadien der Erzbildung. Zum vierten Typ gehören Zonen von zusammengesetzter, kombinierter Entstehung. BINTIG

Symposium sur la géologie de l'Uranium en Afrique

(Léopoldville, juillet 1958). La Chronique des Mines D'Outre-Mer et de la Recherche Minière; 27 (1959) N. 279; September 1959

Ursprünglich sollte auf Beschluß des 20. Internationalen Geologischen Kongresses in Mexiko (1956) auf dem Kongreß in Kopenhagen (1960) ein Symposium über die Uranerzvorkommen der Welt abgehalten werden. Inzwischen haben sowohl das Organisationskomitee des Kopenhagener Kongresses wie auch die Zweite Genfer Konferenz zur friedlichen Nutzung der Atomenergie beschlossen, das Symposium nicht abzuhalten. Die in Léopoldville 1958 fertiggestellten Beiträge sind nun in dem Sonderheft der „Chronique des Mines" veröffentlicht worden.

A. GANGHOFF gibt eine Übersicht über die bisherigen Erkundungsergebnisse in Algerien, Hoggar, Niger, Sudan, Tschad, Elfenbeinküste, Dahomey, Kamerun, Kongo, Gabon, Ubangi und Madagaskar.

G. BIGOTTE berichtet über Erkundungsmethoden für radioaktive mineralische Rohstoffe in Französisch-Afrika.

J. J. DERRIKS liefert einen Beitrag über das Auftreten radioaktiver Mineralien in Ruanda. Mit R. OSTERBOSCH zusammen vergleicht er die Lagerstätten von Swambo und Kalongwe mit der von Shinkolobwe.

S. H. U. BOWIE bringt eine Notiz über die Vorkommen von Uran und Thorium in der Föderation von Rhodesien und Nyassaland. Aus Gabon veröffentlicht J. BERNAZEAUD die ersten Mitteilungen über das Uranerzvorkommen von Mounana.

M. MOREAU berichtet über die Uranothorianit-Vorkommen im Südosten von Madagaskar und behandelt eingehend das Problem des Verhaltens von Uran und Thorium bei der Tiefenmetamorphose. Über Uran und Thorium in Uganda liegt ein Beitrag von Cawley vor, über Uran und Thorium in der Union von Südafrika ein solcher von L. T. NEL.

Sämtliche Beiträge des bemerkenswerten Sonderheftes sind in französischer und in englischer Sprache veröffentlicht. E.

MCCRACKEN, E.

Insoluble residues provide good regional correlations

„World Oil", August 1, 1959, Vol. 149, Nr. 2, S. 79–82

Seit 25 Jahren hat sich in paläozoischen karbonatischen Serien die Analyse des unlöslichen Rückstandes als stratigraphisches Hilfsmittel bewährt. Es wird der unlösliche Rückstand in Volumen-% und nach Art bestimmt und graphisch dargestellt, zusammen mit der Lithologie und Porosität. Parallelisierungen über größere Entfernungen waren möglich, die eine Konstruktion kombinierter Normalprofile für größere Gebiete ermöglichten. In ihnen werden die regionalen Veränderungen jeder stratigraphischen Einheit dargestellt. Faziesänderungen von Dolomiten in Kalke und umgekehrt lassen sich mittels der Rückstände verfolgen. MEINHOLD

KARTSEW, A. A., Z. A. TABASARANSKIJ, M. I. SUBBOTA, & G. A. MOGILEWSKIJ

Geochemical methods of prospecting and exploration for petroleum and natural gas

(Aus dem Russischen übersetzt von PAUL A. WITHERSPOON & WILLIAM D. ROMEY). University of California Press, 1959.

Es ist ein Verdienst des Verlages der Universität von Kalifornien, daß er die 1954 in Moskau erschienenen Arbeiten der obigen sowjetischen Geochemiker in besonders guter Aufmachung herausgebracht hat. Diejenigen unserer Leser, die den Urtext nicht oder nur schwierig lesen können, seien daher auf diese vorzügliche amerikanische Ausgabe aufmerksam gemacht. Das Werk, dessen Autoren bei seiner Abfassung in Moskau am Gubkin-Institut für Erdöl und Erdgas und am Forschungsinstitut für Erdölgeologie tätig waren, behandelt: die Geochemie der Erdölformationen, die Klassifizierung der geochemischen Prospektionsmethoden, die Geochemie der Gase, Gasmessungen, Messungen an Bohrkernen, Bohrlochmessungen in Öl- und Gassonden, Bitumenuntersuchungen nach der Lumineszenzmethode u. a., hydrochemische Methoden, Wasser-Gas-Untersuchungen, Methodik der Salzwasseruntersuchungen, mikrobiologische Methoden usw. Jedes Kapitel enthält am Schluß ein ausführliches Literaturverzeichnis. E.

KÜHN, R.

Die Mineralnamen der Kalisalze

„Kali und Steinsalz", Bd. 2 (1959), H. 10, Mai 1959.

R. KÜHN, der in den letzten Jahren durch eine ganze Reihe von Publikationen an die Öffentlichkeit trat, hat sich in der vorliegenden Arbeit der dankenswerten Mühe unterzogen, sämtliche Mineralsalze (nicht nur Kalisalze!) hinsichtlich ihrer erstmaligen Erwähnung und Namengebung zusammenzufassen. Dies geschieht in kurzer, klarer und übersichtlicher Form. Das angeführte Literaturverzeichnis umfaßt 94 Arbeiten, aus denen weitere Hinweise entnommen werden können.

Die Beschreibungen der einzelnen Mineralsalze gliedern sich etwa wie folgt:

Chemische Formel

Jahr der Entdeckung bzw. erstmaligen Beschreibung

Entdecker

Namengebung

Sonstige wichtige Mitteilungen, die für die Identifizierung wichtig sind, ferner:

Diskussion der Synonyma

In der beigefügten Tabelle (s. S. 91) faßt KÜHN die Hauptnamen und Synonyma der Mineralsalze und einiger Borate alphabetisch zusammen. Interessant dabei ist, daß 42 der angeführten Minerale der Tabelle in den deutschen Zechsteinlagerstätten vorkommen und 24 davon hier erstmalig beschrieben wurden.

Zur Frage der zahlreichen Synonyma schlägt KÜHN vor: „Zur Vereinfachung der Dokumentation, zur Klarheit und besseren Verständigung sollten nur noch die vorgeschlagenen Hauptnamen, die Priorität besitzen, benutzt werden ..." Dieser Forderung ist in vollem Maße zuzustimmen, zumal auch in der DDR teilweise noch Synonyma in Gebrauch sind (z. B. Tachyhydrit, Reichardtit, Hexahydrat, ferner Sakiit in den sowjetischen Arbeiten). Neuerdings versucht O. KRULL (Zsch. Bergakademie, Heft 6, 1959) Carnallitgestein durch Karnallit zu ersetzen, was jedoch einer gewissen Logik entbehrt, da in der Literatur das Wort „Carnallitgestein" durchaus keine Mehrbelastung bedeutet; andererseits im allgemeinen Sprachgebrauch die Aussprache von Carnallit und Karnallit keine Unterschiede aufweist. LÖFFLER

BORCHERT, H. & K. KREJCI-GRAF

Spurenmetalle in Sedimenten und ihren Derivaten

„Bergbauwissenschaften" 6 (1959), S. 205–215

Die Autoren versuchen, aus der Anreicherung bestimmter Spurenelemente die Ablagerungsbedingungen von Sedimenten zu ergründen. Auf ähnliche Weise, wie man Spurenmetalle in Wässern dazu verwendet, Lagerstätten auf-

Die Hauptnamen und Synonyma der ozeanischen Kalisalzmineralien und einiger Borate
(zum Referat auf S. 90)

Hauptname [1]:	Chemische Formel:	Synonyma:
Allenit *	$MgSO_4 \cdot 5\,H_2O$	Pentahydrit
(Almerait)	$KCl \cdot MgCl_2 \cdot NaCl \cdot H_2O$	
Anhydrit * V: Muriacit (violett)	$CaSO_4$	Würfelspat, Muriazit, Vulpinit, Karstenit
(Anhydrokainit)	$KMgClSO_4$	Basaltkainit
D'Ansit	$Na_{21}Mg\,[Cl_3 \mid (SO_4)_{10}]$	
Aphthitalit [2] * V: Glaserit *	$K_xNa_y(SO_4)_2$ $K_3Na(SO_4)_2$	Aphtalit, Aphthalose, Penny'sches Salz
Arcanit	$\alpha\text{-}K_2SO_4$	Arkanit, sal polychestrum Glaseri
Ascharit **	$MgHBO_3$ oder $Mg_4B_4O_8 \cdot 4\,(OH)$	Szaibelyit [3], Camsellit, β-Ascharit, Magnesiosussexit
Bassanit	$CaSO_4 \cdot 1/2\,H_2O$	Miltonit, Halbhydrat, Hemihydrat
Bischofit **	$MgCl_2 \cdot 6\,H_2O$	
Blödit * V: Simonyit (grün)	$Na_2Mg(SO_4)_2 \cdot 4\,H_2O$ $Na_2(Mg, Fe)\,(SO_4)_2 \cdot 4\,H_2O$	Astrakanit, Astrachanit, Warthit
Boracit ** V: Staßfurtit (Knollen) ** V: Eisenboracit ** V: Ericait **	$Mg_3\,[(Cl, OH) \mid B_7O_{13}]$ $(Mg, Fe)_3\,[Cl \mid B_7O_{13}]$ $(Fe, Mg)_3\,[Cl \mid B_7O_{13}]$ $(Fe, Mg, Mn)_3\,[Cl \mid B_7O_{13}]$	Lüneburger Sedativsalz, Sedativ-Spath; Parasit, Borazit Huyssenit
Carnallit **	$KMgCl_3 \cdot 6\,H_2O$	
Chlorocalcit *	$KCaCl_3$	Baeumlerit (fälschl. Bäumlerit)
Danburit *	$CaB_2Si_2O_8$	
Douglasit **	$K_2\,[FeCl_4(H_2O)_2]$	
Epsomit *	$MgSO_4 \cdot 7\,H_2O$	Bittersalz, Gletschersalz, Reichardtit, Seelandit, Pikrit
Erythrosiderit	$K_2\,[Fe^{III}Cl_5(H_2O)]$	
Gips * V: Alabaster [4]	$CaSO_4 \cdot 2\,H_2O$	Gyps, Gipsspat, Culopholit, Selenit, Marienglas, Fraueneis
Glauberit *	$Na_2Ca(SO_4)_2$	Brongniartin
Görgeyit	$K_2Ca_5(SO_4)_6 \cdot H_2O$	Kaliumpentacalciumsulfat, Pentasalz, Mikheewit, Micheewit
Heidornit **	$Na_2Ca_3\,[Cl \mid (SO_4)_2 \mid B_5O_8(OH)_2]$	
Hexahydrit *	$MgSO_4 \cdot 6\,H_2O$	Hexahydrat, Sakit, Sakiit, Mg-Hexahydrit
Hilgardit und Parahilgardit	$4\,Ca_2\,[B_5O_8(OH)_2Cl]$ $3\,Ca_2\,[B_5O_8(OH)_2Cl]$	
Hydroboracit *	$CaMgB_6O_{11} \cdot 6\,H_2O$	
Hydrohalit	$NaCl \cdot 2\,H_2O$	Maakit
Hydrophilit **	$CaCl_2$	fälschl. Chlorocalcit
Inderit	$Mg_2B_6O_{11} \cdot 15\,H_2O$	Lesserit
Kainit **	$[KMgCl(SO_4)]_4 \cdot 11\,H_2O$	Thanit [5]
Kaliborit **	$KMg_2B_{11}O_{19} \cdot 9H_2O$	Heintzit, Hintzeit
Kieserit **	$MgSO_4 \cdot H_2O$	Martinsit [6], Wathlingenit [7]
Koenenit ** V: Koenenit von Bergmannssegen **	$Na_4Mg_9Al_4Cl_{16}\,(OH)_{22} \cdot 7\,H_2O$ $Na_3Mg_5CaSrAl_3Cl_{10}(OH)_{16}$	
(Krugit) **	$K_2MgCa_4(SO_4)_6 \cdot 2\,H_2O$	
Kurnakovit	$Mg_2B_6O_{11} \cdot$ (13 oder) $15\,H_2O$	amerik. Inderit (nach Heinrich u. a.)
Langbeinit **	$K_2Mg_2(SO_4)_3$	
Leonhardtit **	$MgSO_4 \cdot 4\,H_2O$	Starkeyit
Leonit **	$K_2Mg(SO_4)_2 \cdot 4\,H_2O$	Kaliastrakanit, Kaliblödit, Kalisimonyit
Löweit *	$Na_{12}Mg_7(SO_4)_{13} \cdot 15\,H_2O$	Loeweit
Lüneburgit **	$Mg_3[PO_4 \mid BO(OH)]_2 \cdot 7\,H_2O$	
Mirabilit	$Na_2SO_4 \cdot 10\,H_2O$	sal mirabile, Glaubersalz, Reussin (mit Beimengungen), Exanthalose, Exanthalit
Pinnoit **	$MgB_2O_4 \cdot 3\,H_2O$	
Polyhalit *	$K_2MgCa_2(SO_4)_4 \cdot 2\,H_2O$	Ischelit, Mamanit
Pustynit	$Na_2SO_4 \cdot 7\,H_2O$	
Rinneit **	$K_3Na\,[Fe^{II}Cl_6]$	
Sanderit **	$MgSO_4 \cdot 2\,H_2O$	
Schönit **	$K_2Mg(SO_4)_2 \cdot 6\,H_2O$	picromeride (synthetisch!), Picromerit, Pikromerit, Schoenit
Sellait *	MgF_2	Belonesit
Steinsalz = Halit *	$NaCl$	Salz, Speisesalz, Kochsalz, Bergsalz, Meersalz u. a.
Strontiohilgardit **	$(Ca, Sr)_2\,[B_5O_8(OH)_2Cl]$	
Sulfoborit **	$Mg_3\,[SO_4 \mid B_2O_5] \cdot 4\tfrac{1}{2}\,H_2O$ oder $[Mg_2B_2O_5 \cdot MgSO_4]_2 \cdot 9\,H_2O$	Sulphoborit
Sylvin *	KCl	Hövelit, Hoevelit, Leopoldit, Schätzellit, Sylvit
Syngenit *	$K_2Ca(SO_4)_2 \cdot H_2O$	Potasso-Gippsit, Kalkkalisulfat, Kaluszit
Tachhydrit **	$CaMg_2Cl_6 \cdot 12\,H_2O$	Tachydrit, Tachyhydrit, Tachhyhydrit
Thenardit *	$\alpha\text{-}Na_2SO_4$	Pyrotechnit, Makit
Vanthoffit **	$Na_6Mg(SO_4)_4$	van't Hoffit, Van't Hoffit
Zirklerit **	$(Fe, Mg, Ca)_9Al_2Cl_{18}(OH)_6 \cdot 17\,H_2O$	

[1] Bei den in der deutschen Zechsteinsalz-Lagerstätte vorkommenden Mineralien ist hinter dem Hauptnamen ein Sternchen vermerkt, bei den hier erstmalig aufgefundenen Mineralien zwei Sternchen. Der Hauptname ist in Klammern gesetzt, wenn das Vorkommen unsicher oder noch nicht nachgewiesen ist. Der Buchstabe „V" bedeutet: Varietätenbezeichnung.

[2] $x + y = 4$, $x = 3{,}33$ bis 2, $y = 0{,}67$ bis 2.

[3] Mischung aus vorherrschend Ascharit und wenig Kotoit.

[4] Feinstkörnig-, massig-dichter Gipsstein.

[5] Mischung oder Verwachsung von Kainit und Steinsalz.

[6] Mit Steinsalz verwachsen.

[7] lamellar verzwillingt.

zusuchen, aus denen die Wässer diese Metalle gelöst haben, sollte es möglich sein, Erdöle mit bestimmten Gesteinstypen in Verbindung zu bringen und so ihre Muttergesteine aufzufinden. Es wird eine Bewertung der Spurenmetalle zur Faziesdiagnostik der Sedimente und eine Faziesdiagnostik des Erdöls empfohlen. Die Verfasser kommen zu folgender Zusammenfassung ihrer durch zahlreiche Analysen (auch von Sedimentgesteinen aus der DDR) gewonnenen Anschauung:

„Zusammenfassend kann gesagt werden, daß die Porphyrine das Erdöl mit der Gruppe der Gyttja-Ölschiefer und Sapropelite verbinden, die Kohlenstoffisotopen auf stagnierendes Milieu hindeuten und die Metallanreicherung auf Sapropelfazies deutet. Die Begleitwässer zeigen marine Abkunft, können aber nicht allein aus der Konzentration mariner Wässer erklärt werden; die Anreicherung biophiler Elemente, weit über das Verhältnis der natürlichen Wässer hinaus, kann nur aus dem Abfall bei der Zersetzung organischer Substanz erklärt werden." E.

KONSTANTYNOWICZ, E.

Der Stand der geologischen Prospektierungs- und Erkundungsarbeiten auf Nichteisenmetalle in Polen

„Przeglad Geologiczny", Nr. 10/1958, S. 422–425.

Die eigentlichen Prospektierungs- und Erkundungsarbeiten begannen in der Volksrepublik Polen 1950. Vorher beschränkte man sich auf Erkundungsarbeiten für die Aus- und Vorrichtung der in Betrieb stehenden Blei-Zink-Lagerstätten. Ein Arbeitsplan der geologischen Prospektion und Erkundung wurde für die Jahre 1950–1956 ausgearbeitet.

Größere Untersuchungen auf Lagerstätten der NE-Metalle erfolgen im Schlesisch-Krakauer Gebiet und in den Sudeten. Im geringen Umfang werden auch Erkundungsarbeiten im Swiety Krcyz-Gebirge und in den Karpaten durchgeführt. Von den bisher untersuchten Lagerstätten sind nur die Blei-Zink-, Kupfer-, Nickel- und Arsen-Erzlagerstätten von industrieller Bedeutung. Neue Lagerstätten wurden in den Gebieten Chrzanów, Tarnowskie Górg und Olkusz aufgefunden. Es ist jedoch möglich, neue Blei-Zink-Lagerstätten nicht nur im Schlesisch-Krakauer Gebiet aufzufinden. Bei der Erkundung dieser Lagerstätten wird besonders auf Dolomitisierung, Porosität der erzführenden Dolomite, oberflächiges Auftreten von Pb- und Zn-Oxyden und auf die Tektonik geachtet. In der Beuthen-Olkuszer und Chrzan´w-Mulde wurden intensive Untersuchungen der alten Halden durchgeführt und über 40 alte Halden dokumentiert. Der Industrie konnten hierdurch Millionen Tonnen wertvoller Blei-Zink-Erze zugeführt werden.

In der Goldberger und Gröditzer Mulde wurden Kupfererzlagerstätten des Zechsteins erkundet. In der Goldberger Mulde konnten von einem 50 km² umfassenden Lagerstättengebiet auf 30 km² $A+B+C_1$-Vorräte erkundet werden. In der Gröditzer Mulde wurden eine 15 km² große Lagerstätte mit $A+B+C_1$-Vorräten erkundet und hydrogeologische Probleme gelöst. Widerstands- und magnetische Messungen wurden auf der Arsenerzlagerstätte Zloty Stok (Reichenstein) durchgeführt und im Gebiet von Gierczyn (Krs. Löwenberg) erfolgen Prospektionen auf Zinnerz. Nimmt man die Vorräte nach dem Stand vom 1. 1. 1952 mit 100% an, so erfolgte die Zunahme der Bilanzvorräte bis 1956 wie folgt:

Kategorie	A+B	C_1	C_2
–	%	%	%
Blei-Zink-Erze	196,7	106,1	733,5
Cu- „	497,7	1615,0	108,0
Ni- „ (1955–1957)	546,8	188,8	–
As- „	–	102,0	398,0

Prospektions- und Erkundungsarbeiten auf polymetallische Lagerstätten und auf Erze anderer Metalle werden gegenwärtig nicht durchgeführt. Die Lagerstättenerkundung der Gruben führt der Geologische Dienst des Bergbaues durch. Untertage-Bohrungen erfolgen mit Craelius-Maschinen.

Die in der Volksrepublik Polen erzielten Bohrergebnisse liegen unter denen der UdSSR, USA, der DDR und anderer Staaten. Die Monatsleistung einer Bohranlage betrug 1952 nur 42 m, stieg aber 1956 auf 85,6 m bei einer Gesteinshärte 6–8 und einer mittleren Teufe von 200–300 m. Die mittlere Zeitausnutzung der Bohrgeräte war folgende:

Bohren einschließlich der Hilfsarbeiten	52,5%
Messungen und Untersuchungen	0,3%
Havarien beim Bohren	11,3%
Havarien bei Maschinen	6,5%
andere Hindernisse (Stillstände)	16,2%
Montage und Demontage	13,2%

Der mittlere Kerngewinn in den Erzpartien beträgt 50–60%. Bei der Prospektion auf NE-Metalle wurden von 1951–1956 145000 m abgebohrt, davon entfallen auf Blei-Zink-Lagerstätten 85200 m. D.

Berufsbilder der Fachrichtungen der Universitäten und Hochschulen der Deutschen Demokratischen Republik

Staatssekretariat für das Hoch- und Fachschulwesen, Berlin 1959

Das Staatssekretariat für das Hoch- und Fachschulwesen der DDR hat der Öffentlichkeit eine Sammlung von Berufsbildern der wichtigsten naturwissenschaftlichen, technischen und wirtschaftswissenschaftlichen Fachrichtungen der Universitäten und Hochschulen übergeben. Die Berufsbilder sind, damit spätere Ergänzungen und Darstellungen weiterer Fachrichtungen gleich eingeordnet werden können, als Loseblattsammlung gedruckt.

Unter den zunächst herausgegebenen vorläufigen Berufsbildern interessieren unsere Leser die der Fachrichtungen Physik, Chemie, Geophysik, Geologie und Mineralogie.

Für Anfang 1960 ist die Herausgabe der noch einmal neu überarbeiteten Berufsbilder sämtlicher naturwissenschaftlichen Fachrichtungen geplant.

In dem vorläufigen Berufsbild des Geophysikers findet sich ein Absatz über die Fachrichtung „Angewandte Geophysik". Vom Berufsbild des Diplomgeologen sind bereits 3 Blatt erschienen. Auf dem dritten Blatt werden hauptsächlich die Anforderungen an die Mitarbeiter der Staatlichen Geologischen Kommission dargelegt. Im Berufsbild des Diplommineralogen wird die petrographisch-lagerstättenkundliche Fachrichtung besonders hervorgehoben. Die Fachrichtung „Bergbau-Tiefbau" (einschl. Studienrichtung Tiefbohr- und Erdöltechnik) verdient Beachtung, ebenso wie die Berufsbilder der Fachrichtung „Markscheidewesen", „Aufbereitung", „Kohleveredelung" und „Gasfach". E.

BORRIS, W.

Leitfaden der Hygiene-Praxis

Band 4 der Schriftenreihe „Angewandte Hygiene", herausgegeben von Dr. med. S. MÜNCHOW, Direktor des Bezirkshygieneinstitutes Dresden, VEB Georg Thieme-Verlag, Leipzig 1958. — 262 Seiten, gebunden DM 13,50

Der als Direktor des Bezirkshygieneinstitutes Karl-Marx-Stadt tätige Verfasser legt mit dieser Neuerscheinung ein Werk vor, welches über alle Fragen der Hygiene-Praxis Auskunft gibt und in erster Linie als Leitfaden für die Hygiene-Inspektoren und Sachbearbeiter des Gesundheitswesens der Bezirke und Kreise gedacht ist.

Aber auch Wasserwirtschaftler und Hydrogeologen werden bei der Durchführung hydrogeologischer Vorarbeiten und Planung von Grundwassergewinnungsanlagen zur Beachtung der hygienischen Belange gern das Buch als Ratgeber benutzen.

Neben Fragen der Seuchen- und Lebensmittelhygiene behandelt das Buch in einem Sonderabschnitt die Ortshygiene. Es werden Richtlinien für die Überwachung von Wasserbrunnen aufgeführt. Ferner werden ausführliche Hinweise für die Entnahme von Wasser- und Abwasserproben gegeben, und zwar für chemische und bakteriologische Untersuchungen.

Weiterhin sind die Forderungen zusammenfassend bekanntgegeben, welche in hygienischer Hinsicht an das Schutzgebiet von Wassergewinnungsanlagen zu stellen sind.

Im Anhang sind die einschlägigen Gesetze, Verordnungen und Merkblätter textlich wiedergegeben. VIEWEG

DIERCKE, C. & R. DEHMEL

Westermanns Hausatlas

Braunschweig 1958

Westermanns Hausatlas vermittelt eine gute Vorstellung von den geographischen Landschaften, den wirtschaftlichen Gegebenheiten und den politischen Machtverhältnissen.

Zahlreiche Einzelkarten über Bodennutzung, Bodenschätze, Industrien und historische Entwicklungen erleichtern eine überschlägige Orientierung. Die 423 Karten des Werkes werden durch 134 große Farbfotos vervollständigt, die einen guten Einblick in die einzelnen Landschaftstypen vermitteln. Wirtschaftsgeographische Weltübersichten zeigen u. a. die Herkunft der mineralischen Rohstoffe und die Märkte für die aus ihnen hergestellten Erzeugnisse. Das Register enthält ca. 30000 Namen.

Erwähnt seien von den Deutschlandkarten: 2 Karten: 1 : 9 Mill. über Bodengüte und Bodenarten, eine Karte Bodenschätze und Metallindustrie 1 : 4,5 Mill., das Ruhrgebiet um 1840 bis 1950, Erdöl und Erdgas im Emsland, beide 1 : 500000, und Braunkohlentagebau in der Ville von 1900 bis heute = 1 : 200000. Von sonstigen Karten seien hervorgehoben das nordfranzösische Bergbau- und Industriegebiet, geotektonischer Aufbau, Geologie und Bodenarten von Europa, Bodenschätze Nord-Amerikas, Erdöl in Texas und Louisiana, usw.

Zur schnellen bzw. ersten Orientierung für die verschiedensten geographischen Gebiete ist dieser Hausatlas bestens geeignet. E.

Nachrichten und Informationen

Größtes Portlandzementwerk der DDR angefahren

Am 2. Oktober 1959 hat das seit 1956 in Bau befindliche VEB Zementwerk II Karsdorf (Unstrut) — ca. 35 km südwestlich von Halle (Saale) gelegen — nach kurzer Einfahrzeit seine volle Produktion (ca. 2000 tato) aufgenommen.

Technisch arbeitet das mit vier 150 m langen Drehrohröfen ausgerüstete Werk nach dem Naßverfahren, so daß ca. $^2/_3$ der benötigten Wärmeenergie auf Braunkohlenbasis (Lausitz) bestritten werden können; außerdem bestehen gegenüber dem Trockenverfahren günstigere Homogenisierungsmöglichkeiten des aus mehreren Einzelkomponenten zusammengeführten Rohmaterials. Durch technische Vervollkommnung, vor allem Automatisierung der Anlagen, ist die Arbeitsproduktivität (= Pro-Kopf-Leistung) gegenüber dem benachbart gelegenen Werk I von 1000 auf 1500 jato/Mann gesteigert worden. Vorgesehen ist der Ausbau des dortigen Kombinats auf eine Gesamtleistung von etwa 1,4 Mill. jato Portlandzement (PZ 375 und 475).

Lagerstättenkundlich liegen analoge geologische Verhältnisse wie für den größten Teil der mitteldeutschen Portlandzementwerke vor: Als Kalkkomponente finden Mergelkalke des Unteren Wellenkalkes (Unterer Muschelkalk), als Tonkomponente Tonmergel des tieferen Mittleren Röts (Oberer Buntsandstein) Verwendung; für den SiO_2-Zusatz dienen pleistozäne Terrassensande der Unstrut. Alle 3 Komponenten liegen räumlich direkt benachbart. Die geologische Bevorratung des Werkes ist am flachen und hier völlig ungestörten Ausstrich des SW-Randes der Querfurter Mulde praktisch unbegrenzt.

Infolge Auslaugung und damit Neigung zur örtlichen Dolinenbildung im unteren Teil des Röts (Gipslager) hat der aus wirtschaftlichen Erwägungen bevorzugte Baugrund anfangs gewisse technische Schwierigkeiten bereitet, die jedoch durch kollektive Arbeiten zwischen Geologen der Staatlichen Geologischen Kommission und der Deutschen Akademie der Wissenschaften zu Berlin sowie der Aufbauleitung des Werkes bald überwunden waren. Nennenswerte Senkungserscheinungen an Gebäuden des sich über eine Länge von mehr als 1,5 km erstreckenden Betriebes sind nicht aufgetreten.

Wissenschaftlich haben die systematisch aufgenommenen geologischen Großaufschlüsse beim dortigen Erkundungs- und Baugeschehen wesentliche neue Gesichtspunkte zur Feinstratigraphie und Geochemie der Lagerstätten (Trias) sowie darüber hinaus zur Mechanik atektonischer Bewegungen in Auslaugungsgebieten geliefert, die bereits wieder bei der Errichtung von zwei weiteren Portlandzementwerken im Rahmen des 7-Jahr-Planes der DDR Verwendung finden. K.-B. JUBITZ

Zusammenarbeit ČSR—DDR in der Kaliindustrie

Vom Deutsch-Tschechoslowakischen Ausschuß für wirtschaftliche Zusammenarbeit, der vom 8.—12. September 1959 in Prag getagt hatte, wurde ein Abkommen über die Zusammenarbeit zur Unterstützung der Kaliindustrie in der DDR unterzeichnet. Die Tschechoslowakische Republik wird der DDR verschiedene Maschinen und Ausrüstungen für die Kaliindustrie im Werte von 110 Mio Rubel liefern. Dies ermöglicht es der DDR, ihre Kaliförderungen zu steigern und ihre Exporte an Kalidünger in die ČSR zu erhöhen. E.

Erfolge geologischer Erkundungsarbeiten in Polen

In ihrem Sonderheft zum 15. Jahrestag der Befreiung Polens brachten die „Informationen aus Volkspolen" eine Würdigung der großen Erfolge der geologischen Erkundungsarbeiten in Polen. Danach war bereits in den 30er Jahren von Prof. BOHDANOWICZ und später von Prof. CZARNOCKI darauf hingewiesen worden, daß sich voraussichtlich in Südostpolen größere Schwefelvorkommen befinden könnten. Ihre Anregungen fanden keine Resonanz. Erst nach 1945 leitete der Geologische Dienst systematische Forschungen und Erkundungen ein. 1953 konnte Prof. PAWLOWSKI feststellen, daß im Bereich von Tarnobrzeg „ungewöhnlich reiche" Schwefellagerstätten entdeckt worden seien. Kurz darauf wurden auch auf dem linken Wisla-Ufer bei Piaseczno, Grzybowo und Solec gleichwertige Vorkommen aufgefunden. Durch die neuen Funde verfügt Polen bereits über 20% der Weltvorräte an Schwefel. Die Mächtigkeit der schwefelführenden Flöze liegt zwischen 6 und 20 m, ihr Gehalt an Reinschwefel schwankt zwischen 20 und 30%.

Die Schwefelförderung ist angelaufen. In Ogorzelec (Dolny Slask) hat eine Schwefelraffinerie den Betrieb aufgenommen, in Machow bei Tarnobrzeg ist mit dem Bau eines großen Schwefelkombinates begonnen worden. Die schwefelhöffigen Gebiete ziehen sich in einem Streifen nördlich der Karpaten und südlich der Swietokrzyski-Berge sowie von Górny Slask über die Bezirke von Krakow, Tarnobrzeg und Lubaczow hin.

Im Dezember 1957 erfolgte auf einer Erdölbohrung bei Lubaczow ein fast 100 m hoher Gasausbruch. In den darauffolgenden Jahren ist man immer wieder auf neue Erdgasvorkommen gestoßen. „Man kann schon jetzt sagen, daß Polen in nicht ferner Zukunft jährlich einige Milliarden m^3 Gas fördern wird, was die Erweiterung, Verbilligung und Modernisierung der Rohstoffbasis für die chemische Großsynthese radikal beeinflussen wird." Der Bau von Rohrleitungen nach den Chemiebetrieben von Tarnow und anderen Werken ist angelaufen.

Bei Erdölerkundungsbohrungen wurden auch die großen polnischen Kupfererzlagerstätten entdeckt. Auf etwa 200-km^2-Fläche lagern 1,5 Mrd t Kupfererz zwischen Lubin und Sieroszowice in Dolny Slask. Bei Glogów enthält das Erzflöz 160 kg/m^2 Cu. 1965 werden aus den neuen Vorkommen jährlich 2,5 bis 3 Mio t Erz gefördert werden.

Die geologisch erkundeten Braunkohlenvorräte (hauptsächlich in den Bezirken von Konin und Turow) betragen mehrere Milliarden Tonnen. Man rechnet damit, daß in den Bezirken Zielona Góra und im Grenzgebiet zwischen den Wojewodschaften Koszalin und Poznan weitere große Braunkohlenlager erkundet werden können. 1975 soll die Braunkohle etwa 50% der polnischen Kohlenbilanz ausmachen. Als weiterer Erfolg der geologischen Erkundungsarbeiten wird hervorgehoben, daß das neue Kokskohlenbecken im südöstlichen Steinkohlenrevier von Górny Slask bereits erschlossen werden konnte.

Seit 1945 wurden ferner durch geologische Erkundungsarbeiten neue Steinsalzlager in der Nähe von Kraków, Steinsalz- und Kalisalzvorkommen auf dem Kujawsko-Pomorski-Wall, ärmere Eisenerzflöze bei Kalisz und Jarocin in Wielkopolska sowie bei Łęczyca entdeckt. Vorkommen von feuerfestem Ton wurden in der Umgebung der Swiętokrzyski-Berge, neue Zink- und Bleilagerstätten in der Trias von Górny Slask, neue Anhydritvorkommen in Dolny Slask, Gips im Bezirk von Inowroclaw und viele andere Rohstoffvorkommen erschlossen.

Weitere Erkundungen werden auf reiche Eisenerze im nordöstlichen Polen, u. a. im Bezirk von Suwalki, wo das Kristallin unter geringmächtigem Deckgebirge lagert, durchgeführt werden. Für umfassende Erdölforschungen empfahl der Vorsitzende des Zentralamtes für Geologie, Dozent Mgr. Ing. M. MROZWOROSKI, die Vorkarpatensenke und einen Teil des Karpatengebietes. „Die Forschungen in der polnischen Niederung stützen wir auf die Tatsache, daß sich ähnliche geologische Strukturen in der Sowjetunion und in Deutschland als sehr reichhaltig an Erdöl erwiesen haben. In der Niederung sind verschiedene Erdölaustritte (u. a. in den Salzbergwerken von Kodowa und Inowroclaw) sowie Bitumenanzeichen festgestellt worden.... Man kann also annehmen, daß in den Strukturen dieses Gebietes eine Erdölakkumulation stattgefunden haben kann."

Für das kommende Jahrfünft werden für geologische Erkundungsarbeiten über 1 Mrd. Zloty pro Jahr zur Verfügung gestellt werden. LANGE

Erdöl/Erdgas

Erdölförderung und -forschung in Westdeutschland

Auf der Jahrestagung der Deutschen Gesellschaft für Mineralölwissenschaft und Kohlechemie im Oktober 1958 in Goslar hielt A. BENTZ einen Vortrag, in dem er u. a. ausführte:

„Die ursprüngliche Ausbeute der erbohrten Lager betrug nur etwa 20% des Lagerinhaltes, so daß man später teilweise wieder zu Schachtanlagen griff, wie z. B. bei Wietze etwa 1920, um die Ausbeute sekundär zu vergrößern. Heute ist man durch die modernen Verfahren der Perforation, der Säuerung, auch schon der Beheizung der Lager, zu weit höheren Ausbeuten gekommen. Die Bohrungen selbst erreichen heute schon die erstaunlichen Tiefen von rd. 8000 m. Die tiefste deutsche Bohrung hat die Tiefe von 4518 m erreicht. Die Bohrarbeiten selbst hat man dadurch erleichtert, daß man von einer Bohrstelle aus, insbesondere bei Arbeiten im Vorküstengebiet von einer Plattform aus, mehrere abgelenkte Bohrungen ausführt.

Zu dem ursprünglich gewonnenen Bodenschatz Öl ist in den letzten Jahrzehnten in immer noch wachsendem Ausmaß das Erdgas getreten, das z. B. 50% des Stadtgasbedarfes von München deckt."

Zum Schluß seines Vortrages ging BENTZ auf Lagerstättenfragen ein. Die meisten bisherigen Theorien über das Ölmuttergestein befriedigen nicht. Neuere Forschungen ergaben (z. B. im Schwarzen Meer), daß das „Ur-Sediment" stets neben Festbitumen auch flüssige Kohlenwasserstoffe, aber nur im Betrag von 0,005 bis 0,5% enthält. Da man festgestellt hat, daß das auch für nichtmarine Schichten zutrifft, wird man auch die Annahme fallenlassen müssen, daß die Erdölentstehung an „tiefe Becken" gebunden ist. Zudem rechnet man jetzt auch mit sehr langen Migrationswegen von der Entstehungsstelle zur sekundären Lagerstelle. Man nimmt horizontale Wege von 10 und mehr Kilometern, aber auch senkrechte große Wege, selbst von oben nach unten, an. Diese Theorien werden auf lange Sicht der Ölindustrie noch viele neue Aufgaben für ihre Weiterentwicklung stellen. E.

Erdgas in Westdeutschland

Nachdem in Waldkraiberg (Obb.) die Versorgung der Bevölkerung von Stadtgas auf Erdgas umgestellt wurde, beginnt man auch in München, Methan ungespalten an die Bevölkerung abzugeben. Als erste westdeutsche Großstadt hat Oldenburg Ende 1959 damit begonnen, seine Wärmeversorgung völlig auf Methan bzw. auf Erdgas umzustellen. Innerhalb eines Jahres soll die Umstellung auf das heizkräftige Methan, das durch eine 60 km lange Leitung aus dem Cloppenburger Gebiet herangeführt wird, vollzogen sein. Das Oldenburger Gaswerk, das erst kürzlich auf den neusten Stand der Technik gebracht worden war, wird bis Ende 1960 den Betrieb völlig einstellen. Die Gasabnehmer werden von städtischen Gasfachleuten besucht und über die Eigenarten des neuen Brennstoffs informiert. Die alten Gasherde und sonstigen Geräte werden z. T. mit staatlicher Hilfe auf das neue Gas eingerichtet.

Ein westberliner Blatt bemerkt zu dieser Tatsache: „Bemerkenswert ist in diesem Zusammenhang, daß schon seit Jahren im Bundesgebiet riesige Erdgasfelder, die sofort liefern könnten, künstlich verschlossen bleiben, weil, wie es heißt, das Gas noch nicht gebraucht wird. Im Augenblick gibt es im Bundesgebiet 15 große Erdgasfelder mit über 70 förderbereiten Sonden, aber einer trotzdem stark gedrosselten Jahresförderung."

Auch der schwerindustrielle Düsseldorfer „Industriekurier" stellt sich am 1. 9. 1959 auf den Standpunkt, daß „die Revolution der Energiewirtschaft noch nicht zu Ende" ist, und bemerkt dazu weiter: „Immerhin zeigt ein Blick auf die USA, mit welch ungeheurer Vehemenz Erdgas nach vorn rückt und andere Energieträger zur Seite drängt, wenn es erst einmal da ist. Man darf es deshalb nicht leichtnehmen, und man muß sehen, daß die Revolution, in der sich die Energiewirtschaft als Ganzes befindet, noch längst nicht ihren Höhepunkt erreicht hat. Man wird sich in unserem Lande klar darüber werden müssen, daß sich diese Entwicklung nicht mehr unter eine administrative Kontrolle bringen läßt und daß alle Energieprognosen, soweit sie von fleißigen Behörden und Instituten aufgestellt werden, heute ohne festen Boden sind."

Es beginnen sich also Umwandlungen in der westdeutschen Energieversorgung anzubahnen, die unser allergrößtes Interesse verdienen. E.

Plön-Ost

Die Bohrung Plön-Ost 15 hat den ölführenden Speicherhorizont des Dogger beta in 2550 m Teufe angetroffen. Die Sonde liegt auf der Nordseite einer Verwerfung, die das bisherige Feld Plön-Ost, das aus 2600—2700 m Teufe produziert, nach Norden begrenzte. Die Sprunghöhe der Verwerfung beträgt etwa 100 m. Man nimmt an, daß die Bohrung 15 nunmehr eine Verbindung zu dem 25 km nördlich gelegenen Feld Kiel, auf dem seit 1955 aus dem gleichen Speicherhorizont gefördert wird, erkundet hat. Ihre Förderkapazität erreicht mit 25 tato den Durchschnitt des Feldes Plön-Ost. Die Förderung des Feldes Kiel betrug von Januar bis Juli des vergangenen Jahres 9245 t, die des Feldes Plön-Ost 8065 t. E.

Produktiver Lettenkeuper

3 km nördlich von Landau wurde die Sonde 104 zwischen 949 und 969 m im Lettenkeuper eruptiv fündig. Es werden 25 m^3 Rohöl mit etwa 50% Verschmutzungen gefördert. Es ist dies die erste linksrheinische Bohrung im deutschen Teil des Rheintalgrabens, die im Mesozoikum eine wirtschaftlich auswertbare Erdöllagerstätte erschlossen hat. Die bisherige Ölförderung des Feldes Landau (8112 moto im Juli 1959) stammt aus tertiären Horizonten. E.

Europäische Rohölfernleitungen

Der Vorsitzende des Vorstandes der Deutschen Shell AG rechnet damit, daß sich der Bedarf aller europäischen Länder an Ölprodukten bis 1960 auf ca. 150 Mio t und bis 1975 auf rd. 340 Mio t belaufen wird. Er wies darauf hin, daß für Westdeutschland dem Transport in Rohölfernleitungen immer größere Bedeutung zukommen werde.

Die 292 km lange Rohölleitung Rotterdam-Ruhr-Rhein (61 cm lichte Weite) kreuzt bei Venlo die deutsch-holländische Grenze und teilt sich dort in zwei Arme. Sie sollte Ende 1959 fertiggestellt sein und dann das P rnis-Rohöllager in Rotterdam mit Wesel und der Shell-Raffinerie in Godorf (rheinabwärts von Köln) verbinden. Durch die Leitung werden zunächst 8 Mio t jährlich transportiert werden. Die fertiggestellte, 345 km lange Rohölleitung von Wilhelmshaven nach Köln-Wesseling soll gleichfalls 8—9 Mio t im Jahr befördern. Später kann die Durchflußkapazität beider Fernleitungen auf je 20 Mio t erhöht werden.

Unter den Projekten ist hervorzuheben: eine R·hölleitung von Marseille nach Straßburg und Karlsruhe (675 km, 76,2 cm Durchmesser), die Ostfrankreich und Süddeutschland versorgen wird. Sie soll 1962 fertig werden. An den Bau einer Verbindungsleitung zwischen Karlsruhe und Köln ist gedacht, so daß dann durch ein Leitungssystem Rohöl vom Mittelmeer zur Nordsee und auch in umgekehrter Richtung transportiert werden könnte.

Eine Leitung von 72 cm Durchmesser ist von Italien aus geplant. Ihr erster Zweig führt zu den norditalienischen Raffinerien, der zweite zu einer projektierten Raffinerie in der Schweiz (420 km), die in Aigle im Kanton Waad mit einer Jahreskapazität von 2 Mio t errichtet werden soll. Der dritte Zweig wird voraussichtlich bis München führen. Die Transportkapazität dieser Fernleitung ist mit 15 Mio t pro Jahr veranschlagt. E.

Kohle

Produktionseinschränkungen im Ruhrgebiet

Die sich anbahnenden Umstellungen in der Energiebasis der Bundesrepublik führten zu Gegenmaßnahmen der Ruhrindustrie. Die Betriebsanlagen der Schächte Friedrich Thyssen 4/8 (Förderung 1958 ca. 2000 tato) werden abgebrochen. Stillgelegt wird die Schachtanlage Centrum/Morgensonne, wodurch 3500 Bergarbeiter arbeitslos werden. Förderungseinschränkungen finden auf Zeche Neumühl zunächst von 4000 auf 3000 tato statt mit dem Endziel, die Anlage in einigen Jahren auslaufen zu lassen. Die Schachtanlagen Graf Bismarck III, Prinzregent/Dannenbaum, Friedlicher Nachbar, Engelsburg werden stillgelegt. Ähnliche Einschränkungen finden auf den Anlagen Dahlhauser Tiefbau, Friedrich Joachim, Hugo 2/5, Westfalen (Senkung der Förderung von 6000 auf 5200 tato), Engelsberg (von 1700 auf 1300 tato), Dorstfeld, Wilhelmine Victoria (von 3000 auf 1800 tato), Prosper und anderen statt.

Die Stillegungsaktion hat auch auf die Kokereien und sonstigen Übertageanlagen übergegriffen. Die Großkokerei Scholven in Gelsenkirchen (3500 tato) wird stillgelegt. Den Betrieb eingestellt haben bereits die Kokereien Dannenbaum, Constantin 6/7, Friedrich Ernestine, Friedrich Joachim (850 tato), Mathias Stinnes (556 tato), Brikettfabrik Prinzregent (1500 tato) und die Teerdestillation Pluto in Wanne-Eickel.

Unsere Zusammenstellung dürfte nicht vollständig sein; sie zeigt aber doch, wie tiefgründig sich die in der westdeutschen Industrie vollziehende Umgestaltung der Energiebasis auf den Steinkohlenbergbau an Rhein und Ruhr auswirkt. E.

Rekultivierung von Braunkohlentagebauen

An der von der Staatlichen Plankommission einberufenen „vorbereitenden Sitzung zur Bildung des Ausschusses zur Wiederurbarmachung von Braunkohlenkippen am 23. Juni 1959" nahmen teil: Vertreter der Staatlichen Plankommission (Abt. Perspektivplanung, Abt. Berg- und Hüttenwesen — Fachgebiet Geologie, Abt. Kohle — Fachgebiet Geologie, Abt. Forstwirtschaft), Vertreter des Ministeriums für Land- und Forstwirtschaft (Abt. Landeskultur), des Ministeriums der Finanzen (Abt. Landwirtschaft) und der Staatlichen Geologischen Kommission, Zentraler Geologischer Dienst (Arbeitsgruppe Bodengeologie).

In der Aussprache wurde festgestellt, daß sich die in der Zeitschrift für angewandte Geologie 1957, Heft 8/9, S. 403, veröffentlichte Tabelle (Vorschlag zur Ermittlung gerechtfertigter Aufwendungen bei der Rekultivierung von Braunkohlentagebauen in Abhängigkeit von der Bodenqualität) bewährt hat. Die Tabelle ist in der Hauptverwaltung Braunkohle, insbesondere dem PKB, als Arbeitsrichtlinie eingeführt.

Dem früheren Arbeitskreis Wiederurbarmachung, der dem Technisch-Wissenschaftlichen Beirat der HV Braunkohle angehörte, ist durch die Auflösung der Industrieministerien die Rechtsgrundlage entzogen worden. Übereinstimmend wurde die Notwendigkeit betont, daß von der Staatlichen Plankommission erneut ein zentraler Wiederurbarmachungsausschuß zu bilden ist. WEISBROD

Graphit als Koksersatz

Die österreichische Graphitförderung hat einen sprunghaften Aufstieg zu verzeichnen. Während 1958 die durchschnittliche Monatsförderung nur 1763 t erreichte, war sie im Juli 1959 bereits auf 6285 t gestiegen. Der Grund für die starke Förderungssteigerung ist — einer Wiener Meldung zufolge — der durch eine österreichische Erfindung ermöglichte Einsatz von Graphit im Hochofen an Stelle von Koks. Angeblich bringt dieser Zusatz zum basischen Eisen für die Hüttenindustrie Ersparnisse, da von Graphit wesentlich kleinere Mengen als von Koks benötigt werden. Weitere Forschungsarbeiten in Österreich beschäftigen sich mit der Verwendung von Graphit als Moderator in Atommeilern. E.

Kohlenhalden in Japan

Die japanischen Kohlenhalden schätzt man gegenwärtig auf etwa 12 Mio t; das entspricht 25% des japanischen Jahresverbrauchs. Nach dem Plan der Regierung wird im laufenden Fiskaljahr, das am 31. 3. 1960 endet, die Kohleförderung auf 48 Mio t reduziert werden, während der Verbrauch einschließlich 4 Mio t Importkohle für die gleiche Zeit auf 59 Mio t veranschlagt wird. E.

Eisenerz

Eisenerzförderung in Millionen Tonnen Eisengehalt[1])

Land (Einwohner in Millionen 1958)	1929	1938	1948	1957	1958	Anteil an der Weltförderung 1958 %
Welt (2800)	85,5	75,0	105,0	208,0	180,0[2])	100
UdSSR (208)	4,1	15,4	16,2	48,8	52,0	28,8
USA (174)	38,7	14,3	50,9	55,4	34,5	19,2
Frankreich (44,5)	16,2	10,2	7,6	18,8	19,2	10,7
Schweden (7,4)	7,0	8,4	8,2	11,9	11,3	6,3
Venezuela (6,3)	—	—	—	9,8	9,3	5,2
Kanada (17)	1,2	0,9	1,5	11,1	8,1	4,5
China (640)	0,3	1,5	0,1	5,6	6,0	3,3
Großbritannien (51,7)	4,2	3,6	4,0	4,6	4,3	2,4
Westdeutschland (52,1)	—	2,9	1,8	4,3	4,2	2,3
Indien (395)	1,5	1,8	1,5	3,1	3,4	1,9
Australien (9,8)	0,4	1,5	1,4	2,5	2,5	1,4
Spanien (29,6)	3,0	1,2	0,8	2,5	2,3	1,3
Brasilien (62,7)	—	0,3	1,1	2,7	2,3	1,3
Chile (7,3)	1,1	0,9	1,7	1,6	2,2	1,2
Luxemburg (0,3)	2,0	1,5	1,0	2,0	1,8	1,0
Peru (10,2)	—	—	—	2,1	1,7	0,9
Malaya (6,5)	—	1,0	—	1,8	1,7	0,9
Südafrikanische Union (14,4)	—	0,3	0,7	1,3	1,4	0,8
Liberia (1,3)	—	—	—	1,3	1,3	0,7
Algerien (10,2)	1,1	1,7	1,0	1,4	1,2	0,7
Österreich (7,0)	0,6	0,9	0,4	1,1	1,1	0,6
Japan (91,8)[3])	—	0,3	0,3	1,2	1,1	0,6

[1]) Der ungefähre Eisengehalt der Erze liegt in Brasilien, Indien, Schweden, Liberia, Südafrikanische Union, Venezuela und Bulgarien zwischen 60 und 70%; in der Sowjetunion, den USA, in Kanada, Australien und Algerien zwischen 50 und 60%. Er beträgt in Rumänien 45%, Ungarn 39, Polen, ČSR 34, Frankreich 31, China, England und der DDR 30, Westdeutschland und Luxemburg 27%. Die hauptsächlichsten Erze sind Magnetit mit durchschnittlich 72,4% Eisengehalt, Roteisenstein mit 70%, Brauneisenstein mit bis zu 60% und Spateisenstein mit durchschnittlich 48,3 %.

[2]) Die Weltroherzförderung betrug 380 Mio t.

[3]) In der Rangordnung folgten 1958 Norwegen, Jugoslawien, ČSR, Marokko und Italien. Von den nicht genannten Volksrepubliken förderten die ČSR 0,9; Polen 0,7; die DDR 0,4; Rumänien und Ungarn je 0,3 und Bulgarien 0,2 Mio t.

(Aus „Die Wirtschaft", 29. 7. 1959, S. 16.)

Sonstiges

Qualitätsansprüche an die Rohstoffe für die Karbidherstellung

Azetylen produziert man in der DDR auf der Basis von Kalziumkarbid. Die Karbidfabriken gehen dabei von gutgebranntem Kalk aus, den sie in höchster Reinheit wünschen. Rohsteine, denen Lehm und Tone anhaften, richten in den Kalkbrenn- und den Karbidöfen Schäden an. Um reinen Rohkalkstein zu erhalten, sollten nach einem Vorschlag des Produktionsleiters im VEB Stickstoffwerk Piesteritz, Dr. STRIEBEL („Die Wirtschaft" Nr. 21, vom 20. 5. 1959, S. 9), die Kalkwerke des Oberharzes Rohsteinwäschen einführen. „Gewaschener Rohkalkstein" wäre der richtige Grundstoff zur Herstellung eines gutgebrannten Kalkes für die Karbidöfen.

Als Energiequelle der Harzer Kalköfen dient Koks. Zum Kalkbrennen soll ascheарmer Koks (max. 10% Asche) verwendet werden. Da jedoch der reinste gebrannte Kalk in gasbeheizten Öfen gewonnen wird, schlägt STRIEBEL vor, daß im vierten Fünfjahrplan die Umstellung der Kalköfen im Oberharz von der bisherigen Koksfeuerung auf Gasbeheizung vorgenommen werden sollte.

Der zweite Rohstoff der Karbidherstellung ist Koks. Dieser soll von hoher Qualität sein, z. B. 8% Asche und 2—4% Wasser enthalten. Seine ofengerechte Körnung liegt etwa zwischen 5—25 mm. Häufig werden den Karbidfabriken ungeeignete Koksqualitäten, wie etwa solche mit 14% Asche und 14% Wasser angeliefert. Diese schlechten Steinkohlenkoksqualitäten erhöhen den Energieaufwand und verschlechtern die Karbidqualität.

Braunkohlen-Hochtemperaturkoks wird mit 1—2% Wasser in ofengerechter Körnung angeliefert. Er ist günstiger als der zur Verfügung gestellte Steinkohlenkoks, enthält aber 13% Asche und staubt beim Entladen sehr stark. Trotz dieser Nachteile hat der BHT-Koks gegenüber den in sämtlichen Qualitätsmerkmalen ununterbrochen schwankenden Steinkohlenkokssorten den Vorteil einer großen Konstanz seiner Eigenschaftswerte. E.

Verordnung über die gesetzlich festgelegten physikalisch-technischen Einheiten

In § 13 (2) der „Verordnung über die physikalisch-technischen Einheiten" vom 14. August 1958 [2] ist festgelegt: „In der Lehre an den Hochschulen und in wissenschaftlichen Veröffentlichungen sollen nur die gesetzlichen Einheiten benutzt werden", die gemäß § 9 (4) der obengenannten Verordnung vom Deutschen Amt für Maß und Gewicht als „Tafel der gesetzlichen Einheiten" zusammengefaßt und veröffentlicht worden sind [3].

§ 11 (1) der Verordnung bestimmt: „Im rechtsgeschäftlichen und amtlichen Verkehr ... sind für Maßangaben von Größen, für die Grundeinheiten oder gesetzliche Einheiten festgelegt sind, nur diese zu benutzen" [2].

Die Anwendung der festgesetzten Grundeinheiten ist nach § 12 der Verordnung [2] „für alle Zwecke der Wissenschaft und Technik", also auch für alle Gebiete der Geologie (z. B. Rekultivierung, Vorratsberechnung usw.) verbindlich.

Danach sind künftig im amtlichen Verkehr und in allen wissenschaftlichen Veröffentlichungen [2, 5] die in der Tafel der gesetzlichen Einheiten [3] wiedergegebenen Bezeichnungen für Maßangaben anzuwenden, z. B:

1 Million t = 1 Mt (= 1 Megatonne)

1 Milliarde m^3 = 1 Gm^3 (= 1 Kubikgigameter)

Auszug aus der Tafel der gesetzlichen Einheiten:

Vorsatz	Kurzzeichen	Bedeutung
Tera	T	1 000 000 000 000 (10^{12}) Einheiten
Giga	G	1 000 000 000 (10^{9}) Einheiten
Mega	M	1 000 000 (10^{6}) Einheiten
Kilo	k	1 000 (10^{3}) Einheiten
Hekto	h	100 (10^{2}) Einheiten
Deka	da	10 (10^{1}) Einheiten
Dezi	d	0,1 (10^{-1}) Einheiten
Zenti	c	0,01 (10^{-2}) Einheiten
Milli	m	0,001 (10^{-3}) Einheiten
Mikro	μ	0,000 001 (10^{-6}) Einheiten
Nano	n	0,000 000 001 (10^{-9}) Einheiten
Pico	p	0,000 000 000 001 (10^{-12}) Einheiten

Literatur

[1] PADELT, E.: Gesetzliche Festlegung der physikalisch-technischen Maßeinheiten. — Zeitschrift „Feingerätetechnik", Jahrgang 7, 1958.
[2] Verordnung über die physikalisch-technischen Einheiten vom 14. August 1958, GBl. I, S. 647.
[3] Tafel der Gesetzlichen Einheiten. — Mitteilungsblatt DAMG Nr. 149 vom 8. Oktober 1958.
[4] Merkblatt über die Benutzung der physikalisch-technischen Einheiten auf Grund der Verordnung vom 14. August 1958 (GBl. I, S. 647) und der Tafel der gesetzlichen Einheiten (Sonderdruck Nr. 289 des GBl. der DDR). — Mitteilungsblatt DAMG Nr. 170 vom 25. Januar 1959.
[5] Erste Durchführungsbestimmung zur Verordnung über die physikalisch-technischen Einheiten vom 10. Februar 1959, GBl. I, S. 115.
[6] Zweite Durchführungsbestimmung zur Verordnung über die physikalisch-technischen Einheiten von 19. Mai 1959, GBl. I, S. 582.

WEISBROD

Kurznachrichten

Die **Welt-Erdölförderung** und ihre Vorräte haben sich wie folgt entwickelt (in Mio t):

Jahr	Förderung	Datum	Vorräte
1944	370	1. 1. 45	8400
1954	760	1. 1. 55	26000
1958	890	1. 1. 59	37800

In **Ungarn** wurden 1959 360000 **Erdölbohrmeter** gegenüber 171000 im Jahre 1955 gestoßen. Die Tagesproduktion von 2300 t im Januar konnte bis zum Herbst 1959 auf 3300 t gesteigert werden.

In **Burgas** am Schwarzen Meer ist mit dem Bau der ersten bulgarischen **Erdölraffinerie** begonnen worden.

Die Sonde Zelten 2 (**Libyen**, Esso) kann täglich 1900 t wasserfreies **Öl** aus 1920 bis 1970 m Teufe liefern.

Der Überseehandel der **Welt** mit **Rohöl** und **Mineralölerzeugnissen** erreichte 1958 fast 445 Mio t und damit 48% des gesamten Seegüterverkehrs der Welt von 935 Mio t.

Von der Ukraine nach Serpuchow **bei Moskau** ist eine **Erdgasleitung** von 1200 km im Bau, die erstmalig Rohre mit einem Durchmesser von 1020 mm verwendet. Hierdurch kann der Stahlverbrauch pro 1 Mio m^3 transportierten Gases erheblich gesenkt werden.

Im Gebiet **Dobrjanka** (West-Ural) bringt eine Sonde aus 1723 m Tiefe und einem 64 m mächtigen Speicher eine Produktion von 300 tato Erdöl.

Bei **Schebelinka** (Ukraine) ergibt eine **Erdgassonde** bei voller Öffnung eine Produktion von 10 Mio m^3/Tag. Die Tagesproduktion des Feldes liegt bei 20 Mio m^3.

450 km nordöstlich von Karachi, **Pakistan**, wurde in etwa 3000 m Tiefe ein neues großes **Gasvorkommen** erbohrt.

Die **Erdgasvorräte** im NO von **British-Columbia** wurden auf 1700 Mrd. m^3 berechnet. Die Gesamtvorräte der übrigen kanadischen Erdgasvorkommen betragen nur 800 Mrd. m^3.

Nach einer Bekanntgabe des US-Bergbaubüros belief sich die **Weltproduktion** von **Niob- und Tantalkonzentraten** im Jahre 1958 auf 5 Mio lbs gegenüber 6,9 Mio lbs 1957. Der Produktionsrückgang hält im dritten aufeinanderfolgenden Jahr an.

In der **Manganerzförderung** ist Bulgarien der viertgrößte Produzent Europas (1956 = 20800 t Manganerz).

Der VEB **Feinzink in Freiberg**(Sa.) hat seine Produktion aufgenommen. 1963 wird der Betrieb jährlich 86000 t Schwefelsäure und 16000 t reines Elektrolytzink aus Freiberger Zinkblende gewinnen.

Nach dem US-Bureau of Mines wurden 1958 234 Mio Feinunzen **Silber** (ausbringbarer Ag-Gehalt) in der **Welt** gefördert.

Der Preis für **Silber** lag im Herbst 1959 auf dem **Londoner** Markt bei etwa 79 d per Troyunze.

Die Vorräte der **Bauxitlager** bei Weipa, Cape York in **Nordaustralien**, die vor 3 Jahren entdeckt wurden, sind auf 1 Mrd. t berechnet worden.

In **Nowo-Starobinsk** (Belorußland) wird das größte **Kalikombinat** Europas entstehen, das bereits 1961 mit der Produktion beginnen soll. Die Kalisalze werden bis zu einer Teufe von 700 m abgebaut werden.

Mit den ersten Verladungen von **kanadischem Kalisalz** nach den **USA** ist Anfang 1959 begonnen worden.

Die staatlichen Mines Domaniales de Potasse **d'Alsace** produzierten 1958 9,38 Mio t **Rohkali** gegen 8,83 Mio t 1957. Die Erzeugung an Konzentraten betrug 1,41 Mio t (1,34 Mio t) Reinkali.

Nach seiner Fertigstellung hat das größte **Wasserkraftwerk** der Welt bei **Kuibyschew** 10,14 Mrd. kWh **Strom** geliefert, das ist fünfmal soviel, wie alle Elektrizitätswerke des zaristischen Rußlands 1913 erzeugten.

Der **Ob** soll südlich Salechard durch einen 50 m hohen und 11 km langen **Staudamm** gesperrt werden. Der Stausee wird mit 83000 km^2 das Doppelte der Fläche Dänemarks erreichen.

Die **Weltproduktion** von **Beryll** belief sich im Jahre 1958 auf ca. 7000 sh t, die Produktion der USA auf 463 sh t. Der Verbrauch in den USA stellte sich auf 6002 sh t.

Am Rand des Mweza-Gebirges in **Süd-Rhodesien** wurden Berylle in grobkristallinen Gesteinen gefunden. Sie sind z. T. als **Smaragde** ausgebildet, mit deren Ausbeute begonnen wurde.

Die Produktion synthetischer Diamanten in den USA soll nach Mitteilungen der General Electric Co. 1958 bereits fast 750000 Karat erreicht haben. Die Gesellschaft behauptet in der Lage zu sein, im laufenden Jahr bis zu 3,5 Millionen Karat künstlicher Diamanten herzustellen.

Herausgeber: Staatliche Geologische Kommission und Zentrale Vorratskommission für mineralische Rohstoffe der Deutschen Demokratischen Republik. Chefredakteur: Prof. Dr. Erich Lange Berlin. Redaktion: Berlin N 4, Invalidenstraße 44. Verlag: Akademie-Verlag GmbH, Berlin W 1, Leipziger Straße 3—4 (Fernsprecher 220441, Postscheckkonto: Berlin 35021). Bestellnummer des Heftes. 1047/6/2. Die „Zeitschrift für angewandte Geologie" erscheint monatlich. Bezugspreis 2,— DM je Heft. — Satz und Druck: Druckhaus „Maxim Gorki", Altenburg. Veröffentlicht unter der Lizenznummer ZLN 5008 des Ministeriums für Kultur, Hauptverwaltung Verlagswesen. Karten MdI der DDR Nr. 4790, 5028, 5192/K 11. Printed in Germany